U0121864

大学计算机系列教材

面向对象编程技术与方法
（C++）

赵清杰　主编

电子工业出版社

Publishing House of Electronics Industry

北京·BEIJING

内 容 简 介

本书系统讲解了面向对象编程技术与方法的相关内容，包括类与对象的概念，抽象、封装、继承、多态等面向对象编程技术的基本特征。主要内容包括面向对象编程技术概述、C++编程基础、函数、类与对象、运算符重载、继承与派生、多态、模板、异常处理及C++标准库，并在最后给出用面向对象方法开发学生信息管理系统的具体步骤和代码。书中所有例程均在Visual Studio 2019集成开发环境下调试通过。

本书力求让读者能够获得最大收益，不仅能掌握面向对象编程的技术与方法，而且能学会用C++语言编写程序，并能够利用C++标准库或者其他类库高效开发应用软件。

本书内容全面、语言简洁、重点突出、实例丰富、实用性强，既适合作为高等院校计算机、电子信息相关专业的教材或培训机构教材，也适合作为研究生教材及自学参考书。

图书在版编目（CIP）数据

面向对象编程技术与方法：C++ / 赵清杰主编. —北京：电子工业出版社，2021.12

ISBN 978-7-121-42377-2

Ⅰ. ①面… Ⅱ. ①赵… Ⅲ. ①C++语言－程序设计－高等学校－教材 Ⅳ. ①TP312.8

中国版本图书馆 CIP 数据核字（2021）第 235948 号

责任编辑：刘　瑀

印　　刷：三河市鑫金马印装有限公司

装　　订：三河市鑫金马印装有限公司

出版发行：电子工业出版社

　　　　　北京市海淀区万寿路 173 信箱　　邮编：100036

开　　本：787×1 092　1/16　印张：17　　字数：435 千字

版　　次：2021 年 12 月第 1 版

印　　次：2021 年 12 月第 1 次印刷

定　　价：52.00 元

凡所购买电子工业出版社图书有缺损问题，请向购买书店调换。若书店售缺，请与本社发行部联系，联系及邮购电话：（010）88254888，88258888。

质量投诉请发邮件至 zlts@phei.com.cn，盗版侵权举报请发邮件至 dbqq@phei.com.cn。

本书咨询联系方式：liuy01@phei.com.cn。

前言

为什么写这本书

在这个日新月异的时代，手机和计算机已经成为我们生活和工作中必不可少的工具。我们从事工作、学习知识、网上购物、休闲娱乐等都需要与机器中的各种应用软件打交道。这些应用软件都是程序员利用计算机语言开发出来的，其规模有大有小，针对的实际问题有复杂有简单。当需要处理复杂问题及开发大型软件时，适合采用面向对象编程技术（object oriented programming）。

面向对象编程技术运用人类的自然思维方式，将数据与处理数据的操作封装在一起，构成抽象数据类型，通过继承（inheritance）和多态（polymorphism）机制生成新的数据类型。与面向过程编程技术相比，面向对象编程技术能够直接描述客观世界，更符合人类的思维方式，适用于解决复杂问题和开发大型软件。利用面向对象思想编写的程序，代码重用性好、容易扩展、便于后期维护。

概述与特色

本书主要讲述面向对象编程技术与方法的相关内容，包括对象与类的概念，抽象、封装、继承、多态等面向对象编程技术的基本特征。由于 C++语言是一门功能强大的计算机编程语言，它同时支持多种编程技术，包括面向过程编程技术、面向对象编程技术及基于模板的泛型编程技术等，因此我们选用 C++语言编写例程，目的是让读者学完之后能够获得最大收益，不仅能掌握面向对象编程的技术与方法，而且能学会用 C++语言编写程序，并能够利用 C++标准库或者其他类库高效开发应用软件。

作者在多年教学的基础上，根据教学过程中反映的主要问题，对教材内容进行了合理组合与取舍，力求澄清概念上的误区，通过实例使读者尽快掌握面向对象编程技术及 C++语法知识，把重点放在程序设计方法上，使读者掌握标准模板库的精华，对面向过程编程和泛型编程有所了解，为今后的软件开发工作奠定基础。

本书具有如下特色。

- 书中的所有例程都采用标准 C++语言编写，不依赖某个编译器。但是书中的所有例程都在 Viasual C++ 6.0 和 Visual Studio 2019 集成开发环境下进行了运行验证。

- 为了方便读者理解并与英文文献相对应，对于比较重要的概念性名词，书中都给出了相应的英文写法。

- 将对象和类的概念提前介绍：从基本数据类型到结构，再到类，使读者尽快建立起"类"这种抽象数据类型的概念。在介绍对象的概念时，不是用过于抽象的语言，而是具体到计算机存储情况进行介绍的。

- 与同类大部分中文教材相比，本书的主要特点有：
  ① 增加了指向成员的指针、成员函数地址获取、实现动态绑定的机制、函数对象等内容；
  ② 加强了对 C++标准库，特别是对标准模板库 STL（Standard Template Library）的介绍；
  ③ 由于流（stream）类是 C++标准库的一部分，因此本书并没有单列一章，而是将其放在第 10 章进行讲解的；
  ④ 结合第 1 章的例程介绍了 Visual Studio 2019 集成开发环境的使用，并在最后一章逐步讲解如何开发一个具有图形用户界面的简易学生信息管理系统。
- 例程尽量采用好的编程习惯进行编写，例如：声明变量或对象时先进行初始化；使用不带后缀的标准库头文件；类定义时采用以行为为中心的书写方式，以增强程序的可读性等。
- 本书内容全面、语言简洁、重点突出，所列举的例程实用有趣，个别习题具有一定难度。
- 使用本书不需要有良好的 C 语言基础。

内容提要

本书分为 11 章。

第 1 章主要概述面向对象编程技术的基本概念和基本特征，目的是让读者尽早理解对象与类的概念，对面向对象编程技术的抽象、封装、继承、多态进行初步了解，以方便后面更深入的学习。本章举例介绍了 Visual Studio 2019 集成开发环境下 C++程序的编译、连接与运行过程。由于书中的例程都要用到 C++标准库，因此本章最后对 C++标准库的主要内容进行了简单介绍。

第 2 章介绍 C++程序设计的基础知识，目标是使读者掌握 C++的基本概念和基本语法，内容包括 C++的词法规则、数据类型、表达式与语句、预处理命令、名字空间等，并通过实例讲解 C++基础语法知识，在此基础上使读者能够编写出简单的 C++程序。

第 3 章主要介绍函数的定义与声明、如何调用函数、函数的参数传递及返回类型、inline 函数、函数重载、带默认形参值的函数定义与使用等。

第 4 章主要介绍类与对象的定义，详细讨论类的构造函数与析构函数，特别是构造函数的不同重载形式；还介绍赋值成员函数、static 成员及 const 成员、指向成员的指针，以及组合类、友元等内容。

第 5 章讨论运算符重载的概念、规则及两种重载形式，给出几种特殊运算符的重载方法与应用实例，介绍函数对象的概念及应用。

第 6 章介绍与类的继承有关的一些概念，如继承与派生、基类与派生类、向上类型转换、单继承与多继承及三种继承方式等，着重讨论在不同继承方式下基类成员的访问控制问题，讨论派生类的构造函数与析构函数，特别是复杂情况下子对象构造与析构的顺序问题，分析继承与组合的区别，讨论多继承中可能存在的歧义性及解决方法。

第 7 章介绍静态绑定、动态绑定、虚函数、抽象类等概念，详细讨论虚函数及动态绑定的实现机制，通过实例分析纯虚函数与抽象类的作用，介绍将函数对象与多态性相结合解决实际问题的方法。

第 8 章介绍函数模板的定义、重载与专门化，类模板的定义、专门化、用作函数参数及返回类型，以及类模板的继承与派生等内容。

第 9 章介绍 C++语言的异常处理机制及带异常声明的函数，通过实例分析从对象的成员函数抛出异常的几种情况，介绍 C++标准库中定义的异常类型。

第 10 章在对 C++标准库主要组件、特别是标准模板库的内容做更深入介绍的基础上，通过更多的实例来说明如何使用标准库。最后给出"石头-剪刀-布"游戏的例程。

第 11 章给出综合利用所学知识开发的例程，基于微软公司的 MFC（Microsoft Foundation Classes）类库，开发一个简易的学生信息管理系统，编程环境是 Visual Studio 2019。该系统中既有从 MFC 类库中自动派生出的类型，也有我们自己从 CDialogEx 中派生出的类型，还有我们自己设计的 User 类及派生出的 Teacher 类和 Student 类，程序中也涉及基于虚函数的动态多态性。

本书在写作过程中的主要参考文献列在了书后，书中有少量内容参考了互联网上的共享资源，书中第 11 章的代码由吕星晨提供。在此对这些作者表示衷心地感谢。

最后，感谢您选用本书，欢迎您对本书内容提出宝贵意见和建议。

赵清杰

2021 年 10 月

目录

CONTENTS

第1章 面向对象编程技术概述 ·· 1

1.1 两种编程方法举例 ··· 1

1.1.1 面向过程编程方法 ··· 1

1.1.2 面向对象编程方法 ··· 3

1.2 面向对象编程的基本特征 ·· 5

1.2.1 抽象 ··· 5

1.2.2 封装 ··· 5

1.2.3 继承 ··· 6

1.2.4 多态 ··· 7

1.3 程序的编译、连接与运行 ·· 8

1.4 C++标准库简介 ·· 10

1.5 小结 ··· 11

习题1 ·· 11

第2章 C++编程基础 ··· 12

2.1 C++的词法规则 ·· 12

2.1.1 字符集 ··· 12

2.1.2 单词 ··· 13

2.2 C++的数据类型 ·· 14

2.2.1 基本数据类型 ·· 15

2.2.2 常量与变量 ··· 16

2.2.3 自定义数据类型 ··· 25

2.2.4 扩展数据类型 ·· 29

2.2.5 类型转换 ·· 37

2.2.6 typedef 与 typeid ··· 39

2.3 表达式与语句 ·· 40

2.3.1 表达式 ··· 40

2.3.2 语句 ··· 44

2.4 预处理命令 ··· 49

2.4.1 宏定义命令 ··· 50

2.4.2 文件包含命令 ·· 50

   2.4.3 条件编译命令 ·· 50

 2.5 名字空间 ··· 52

   2.5.1 名字空间声明 ·· 53

   2.5.2 使用名字空间 ·· 53

   2.5.3 标准名字空间 std ·· 55

 2.6 小结 ··· 56

 习题 2 ·· 56

第 3 章 函数 ··· 58

 3.1 函数的定义与声明 ··· 58

 3.2 函数调用 ··· 59

   3.2.1 如何调用函数 ·· 59

   3.2.2 参数传递方式 ·· 60

   3.2.3 函数信息返回方式 ··· 64

   3.2.4 嵌套调用与递归调用 ······································ 66

   3.2.5 如何调用库函数 ··· 67

 3.3 函数指针 ··· 68

 3.4 static 函数 ·· 69

 3.5 inline 函数 ·· 70

 3.6 函数重载 ··· 71

 3.7 带默认形参值的函数 ··· 72

 3.8 小结 ··· 73

 习题 3 ·· 74

第 4 章 类与对象 ··· 75

 4.1 类与对象的定义 ··· 75

   4.1.1 类的定义 ·· 75

   4.1.2 类对象 ·· 78

   4.1.3 类的封装性和信息隐藏 ··································· 80

 4.2 构造函数与析构函数 ··· 81

   4.2.1 构造函数 ·· 82

   4.2.2 析构函数 ·· 91

   4.2.3 构造与析构的顺序 ··· 92

 4.3 赋值成员函数 ·· 95

 4.4 静态成员 ··· 98

   4.4.1 静态数据成员 ·· 98

   4.4.2 静态成员函数 ·· 99

 4.5 常成员 ·· 100

　　　4.5.1　常数据成员 ·· 100

　　　4.5.2　常成员函数 ·· 101

　　　4.5.3　mutable ·· 102

　4.6　指向成员的指针 ·· 103

　　　4.6.1　成员指针的定义与使用 ··· 103

　　　4.6.2　如何得到成员函数的地址 ··· 105

　4.7　组合类 ·· 106

　4.8　友元 ·· 108

　　　4.8.1　友元函数 ·· 108

　　　4.8.2　友元类 ··· 112

　4.9　小结 ·· 113

　习题 4 ·· 114

第 5 章　运算符重载 ··· 115

　5.1　运算符重载的概念 ··· 115

　5.2　运算符重载的规则 ··· 116

　5.3　运算符重载的两种形式 ··· 116

　　　5.3.1　重载为类的成员函数 ··· 116

　　　5.3.2　重载为类的友元函数 ··· 118

　　　5.3.3　两种重载方式讨论 ··· 119

　5.4　特殊运算符重载举例 ··· 120

　　　5.4.1　类型转换运算符 ··· 120

　　　5.4.2　复合赋值运算符 ··· 121

　　　5.4.3　自增和自减运算符 ··· 122

　　　5.4.4　流提取运算符和流插入运算符 ·· 124

　5.5　函数对象 ·· 125

　5.6　小结 ·· 128

　习题 5 ·· 128

第 6 章　继承与派生 ··· 129

　6.1　基类与派生类 ··· 129

　6.2　对基类成员的访问控制 ··· 130

　　　6.2.1　公有继承 ·· 130

　　　6.2.2　私有继承 ·· 134

　　　6.2.3　保护继承 ·· 135

　6.3　派生类的构造函数与析构函数 ··· 135

　　　6.3.1　构造函数 ·· 135

　　　6.3.2　析构函数 ·· 137

6.4 组合与继承的选择 ·· 139

6.5 多继承中的歧义 ·· 140

6.6 虚基类 ··· 141

6.7 小结 ··· 144

习题 6 ··· 144

第 7 章 多态 ·· 146

7.1 多态性概述 ··· 146

7.2 虚函数 ··· 147

7.2.1 虚函数的声明与应用 ····································· 147

7.2.2 虚析构函数 ··· 150

7.3 如何实现动态绑定 ··· 152

7.4 纯虚函数与抽象类 ··· 155

7.5 小结 ··· 160

习题 7 ··· 160

第 8 章 模板 ·· 161

8.1 函数模板 ··· 161

8.1.1 函数模板的定义与使用 ··································· 161

8.1.2 函数模板重载 ··· 164

8.1.3 函数模板专门化 ··· 165

8.1.4 使用标准库中的函数模板 ································· 166

8.2 类模板 ··· 167

8.2.1 类模板的定义与使用 ····································· 167

8.2.2 类模板专门化 ··· 170

8.2.3 作为函数的参数及返回类型 ······························· 172

8.2.4 使用标准库中的类模板 ··································· 174

8.2.5 类模板的继承与派生 ····································· 175

8.3 小结 ··· 178

习题 8 ··· 179

第 9 章 异常处理 ·· 180

9.1 异常处理概述 ··· 180

9.2 异常处理的实现 ·· 180

9.3 带异常声明的函数 ··· 184

9.4 成员函数抛出异常 ··· 185

9.4.1 一般成员函数抛出异常 ··································· 185

9.4.2 构造函数抛出异常 ······································· 186

9.4.3 析构函数抛出异常 ······································· 188

9.5 标准库中的异常类型 ……………………………………………………… 189

9.6 小结 ………………………………………………………………………… 192

习题 9 ………………………………………………………………………………… 192

第 10 章 C++标准库 ……………………………………………………………… 193

10.1 标准库组织 ……………………………………………………………… 193

10.2 容器 ……………………………………………………………………… 195

10.2.1 容器的成员 ……………………………………………………… 196

10.2.2 顺序容器 ………………………………………………………… 198

10.2.3 顺序容器适配器 ………………………………………………… 200

10.2.4 关联容器 ………………………………………………………… 202

10.2.5 近容器 …………………………………………………………… 205

10.3 string …………………………………………………………………… 205

10.4 泛型算法 ………………………………………………………………… 207

10.5 迭代器 …………………………………………………………………… 210

10.5.1 迭代器的分类 …………………………………………………… 211

10.5.2 使用迭代器 ……………………………………………………… 211

10.6 函数对象 ………………………………………………………………… 215

10.7 流类 ……………………………………………………………………… 220

10.7.1 标准流 …………………………………………………………… 221

10.7.2 文件流 …………………………………………………………… 222

10.7.3 串流 ……………………………………………………………… 223

10.7.4 重载提取运算符和插入运算符 ………………………………… 224

10.7.5 输入/输出成员函数 ……………………………………………… 225

10.7.6 输入/输出格式控制 ……………………………………………… 228

10.8 数值计算 ………………………………………………………………… 231

10.8.1 数学函数 ………………………………………………………… 231

10.8.2 向量计算 ………………………………………………………… 232

10.8.3 复数计算 ………………………………………………………… 234

10.8.4 泛型数值算法 …………………………………………………… 235

10.8.5 随机数产生 ……………………………………………………… 236

10.9 小结 ……………………………………………………………………… 239

第 11 章 用面向对象方法开发学生信息管理系统 ……………………………… 240

11.1 MFC 简介 ………………………………………………………………… 240

11.2 学生信息管理系统 ……………………………………………………… 240

11.2.1 建立基于对话框的应用程序框架 ……………………………… 241

11.2.2 设计登录界面 …………………………………………………… 243

11.2.3 设计 User 类 ··· 244

11.2.4 实现用户登录功能 ·· 246

11.2.5 设计学生信息管理系统主界面 ····························· 247

11.2.6 实现学生管理功能 ·· 251

11.3 小结 ··· 258

附录 ASCII 码表 ···259

参考文献 ···260

第 1 章

面向对象编程技术概述

内容提要

本章主要概述面向对象编程技术的基本概念和基本特征，目的是让读者尽早理解对象与类的概念，对面向对象编程技术的抽象、封装、继承、多态进行初步了解，以方便后面更深入的学习。本章举例介绍了 Visual Studio 2019 集成开发环境下 C++程序的编译、连接与运行过程。由于书中的例程都要用到 C++标准库，因此本章最后对 C++标准库的主要内容进行了简单介绍。

本章涉及不少新的概念或名词，读者暂时理解不了也无须着急，通过后面的学习会逐渐掌握。

1.1 两种编程方法举例

首先通过一个例子说明解决同一个问题的两种不同编程方法，即面向过程编程方法和面向对象编程方法。借助例子，本书对涉及的 C++基础语法知识进行讲解。

我们要解决的问题是：计算一个圆的面积。

1.1.1 面向过程编程方法

我们进行程序设计时，主要是进行数据描述和数据处理两方面的工作。数据描述是指把要处理的信息描述成计算机可以接受的数据形式，数据处理是指对数据进行输入、计算、存储、维护、输出等操作。下面通过例 1-1 说明如何编写计算圆面积的面向过程程序。

例 1-1. 计算圆面积的面向过程程序。

```
//************************************************
//例 1-1. 计算圆面积的面向过程程序
//数据描述：半径和面积均为实型数据
//数据处理：(a)从键盘输入半径 r；(b)计算面积=πr²；(c)向屏幕输出半径和面积
//ex1-1.cpp
//************************************************
#include <iostream>      //包含标准头文件 iostream
using namespace std;     //声明可以直接使用 std 中的标识符
```

```
//main()为程序执行的入口
int main()
{
    double r = 0.0;              //定义半径 r，初值赋为 0.0
    double area = 0.0;           //定义面积 area，初值赋为 0.0
    cout << " Please input radius: " << endl; //向屏幕输出"Please
input radius:"
    cin >> r;                    //从键盘输入一个数值，并赋给 r
    area = 3.14 * r * r;         //计算圆的面积
    cout << "area = " << area << endl; //向屏幕输出面积，endl 表示换行
    return 0;                    //若主函数没有显式提供返回语句，则标准 C++默认返回 0
}
```

上述程序运行后，屏幕上显示：

```
Please input radius:
```

如果从键盘输入：

3↵

则屏幕上将显示：

```
area = 28.2743
```

这里，main 是函数名，称为主函数，函数体用一对花括号括住，int 表示主函数的返回值类型为整型。一个程序可以由多个文件构成，但必须包含且只能包含一个主函数。程序从主函数的第一个"{"开始，依次执行后面的语句。若在执行过程中遇到其他函数，则调用其他函数，调用完后返回，继续执行下一个语句，直到最后一个"}"为止。在标准 C++中，如果主函数没有显式提供返回语句，则默认返回 0。

程序由语句构成，每个语句由";"作为结束符。

语句中的引号、分号等应采用英文模式。

---

cin 和 cout 是系统预定义的流类对象，这里我们知道 cin 表示键盘、cout 表示屏幕就可以了。"<<"是插入/输出运算符（此处表示输出到屏幕），">>"表示提取/输入运算符（此处表示从键盘输入）。这些对象和操作都是在标准库中定义的。

文件包含预处理命令"#include <iostream>"的作用是将头文件 iostream 中的代码嵌入该命令所在的位置。

新标准 C++的头文件名没有后缀，而带后缀".h"的头文件是老版本的，老版本的库中没有定义名字空间 std。

使用"#include"命令时，若包含的是 C++系统头文件，则用一对尖括号将文件名括起来，目的是告诉编译器直接到系统目录下寻找；若包含的是用户自己定义的头文件，则用一对双引号将文件名括起来，目的是告诉编译器先搜索当前目录，如果找不到，再搜索

系统目录。

　　std 是标准 C++预定义的名字空间，其中包含了对标准库中函数、对象、类等标识符的定义，包括对 cin、cout、endl 的定义。程序中 using 指令的作用是，声明 std 中定义的所有标识符都可以直接使用。若没有 "using namespace std;" 这句声明，则要在 cin、cout、endl 的前面加上 "std::" 进行限制。

　　在 C++中，有两种注释方法可供选择使用，一种以 "//" 开始，直到本行末尾的文字为止为注释；另一种以 "/*" 开始，以 "*/" 结尾，中间的文字均为注释。注释在程序中的作用是对程序进行注解和说明，以便于阅读。编译系统在对源程序进行编译时，不理会注释部分，所以注释内容不会增加最终产生的可执行代码的大小。

　　例 1-1 给出了一个面向过程的程序。面向过程，就是站在机器的角度，分析出解决问题所需要的步骤或过程，可以用函数把这些过程分模块实现，在使用的时候依次调用函数就可以了。例如，计算圆的面积可以分成半径输入、面积计算、结果输出这三个过程。面向过程的程序的结构为 "程序=算法+数据"。可以看出，在上面主函数内的任何地方都可以修改 r 和 area 的值，即数据描述和处理数据的过程或算法是分离的。这类程序的缺点是：代码重用性不好、不易扩展、难以维护。

　　C 语言就是一门支持面向过程编程的语言。C++能够兼容 C 语言，这样就可以保证原来的 C 语言库函数可以继续使用。但是，C++在 C 语言的基础上做了很多改进，如对类型要求更加严格，输入和输出更加方便，增加了新的运算符，允许函数重载（overloading）和运算符重载，增加了引用（reference）类型，提出了内嵌（inline）概念，提供常类型关键字 const 等。总之，在支持面向过程编程方面，C++比 C 语言更安全、功能更强、使用更方便。

1.1.2　面向对象编程方法

　　客观世界是由各种实际存在的对象（object）组成的，如楼房、书本、电灯、汽车等，这些对象都具有一些属性（attribute）和功能行为（action），如汽车具有颜色、长、宽等属性，具有行驶的功能。

　　与我们认识客观世界的思维方式一样，面向对象编程技术将程序设计为对象之间通过消息进行通信的相互协作。这里的对象，是指具有唯一地址的、占据计算机一块内存区域的实体，和现实世界中的对象一样，由属性和行为构成。其中，属性用数据表示，用来描述对象的静态特征；行为通过函数代码实现，用来描述对象的动态功能，是作用于数据上的一些操作（或过程、行为、功能、方法、算法等）。因此，面向对象编程中的对象是数据结构和算法的封装体。

　　对象是指某个数据类型（type）的对象，或者说某个数据类型的实例（instance）。例 1-1 中的 r 和 area 就是 double 类型的对象。不过，在设计面向对象程序时，更关注的是抽象数据类型的定义和类对象的创建与使用。

　　抽象数据类型，简称为类（class），是对同类对象共同特征的描述或建模。例如，基于北京 105 路公交车这个类型，每一辆 105 路公交车都是该类型的一个具体的对象，这些对象的共同特征是车型相同、行驶路线一样，可以创建一个抽象数据类型 Beijing105 来描述北京 105 路公交车的车型和行驶路线特征。

关于前面求圆面积的问题，如果用面向对象的思想进行编程，则如例 1-2 所示。

例 1-2. 计算圆面积的面向对象程序。

```
//****************************************************
//例1-2．计算圆面积的面向对象程序
//ex1-2.cpp
//****************************************************
#include <iostream>        //包含标准头文件 iostream
using namespace std;       //声明可以直接使用 std 中的标识符
//Circle 类的声明
class Circle
{
public:
    //以下为 Circle 类的成员函数
    Circle(double r = 0);    //构造函数用于初始化 radius
    double GetArea();        //计算圆的面积
    void OutputArea();       //输出圆的面积到屏幕
private:
    //以下为 Circle 类的数据成员
    double radius;
};
//Circle 类的实现
Circle::Circle(double r){ radius = r; }
double Circle:: GetArea(){ return (3.14 * radius * radius); }
void Circle::OutputArea(){ cout << GetArea() << endl; }
//Circle 类的使用
int main()
{
    Circle circle(3);        //创建半径为 3 的 Circle 类对象 circle
    circle.OutputArea();     //输出圆的面积
    return 0;
}
```

现在我们还不能完全理解这个程序，但是通过这个例子可以初步了解面向对象程序的基本结构。

面向对象程序设计偏重于抽象数据类型设计（如本例中的抽象数据类型 Circle），通过抽象数据类型设计完成对实体的建模任务。每个类都有与同类型实体相关的数据成员和对数据操作的定义，这个操作称为成员函数。

虽然看起来例 1-2 的代码量多于例 1-1，但是当我们把 Circle 类定义好之后，使用该类求圆面积的代码只有两行，而且在不改变类定义的情况下，可以很方便地求任意半径的圆的面积。对于这个简单问题，虽然例 1-1 也可以通过定义求圆面积函数的形式实现这个功能，但是例 1-2 的设计思想更符合人类的思维过程，如果以后还想基于原有代码设计新的几何形状类型并包含面积计算方法，或者添加新的功能，就可以利用面向对象的继承和多态方便地派生出新类型。

在编写面向对象程序时，一般把类的声明、类的实现与使用类的程序代码分开放于不同的文件中，这样做的好处是可以增强代码的安全性，一方面，避免类的使用者修改类定义的代码；另一方面，当类定义的代码需要修改时，也不会影响类的使用者的代码。由于本书中的多数例子都比较短小，所以都放在了同一个文件中。

对于规模较大的项目，往往需要多人开发，有多个源程序文件，每个源程序文件称为一个编译单元，可以进行单独编译，最后再连接成可执行软件。这样处理的好处是，可以对各个单元分别进行修改、调试，而不影响项目的其他部分。

面向对象编程技术提供代码重用机制，可以提高程序员的编程效率，适用于解决复杂问题和开发大型软件。面向对象程序具有代码重用性好、易扩展、便于维护的优点。

1.2　面向对象编程的基本特征

面向对象编程技术强调运用人类的日常逻辑思维方法与原则，如抽象、分类、继承、聚合、多态等进行软件开发。抽象、封装、继承与多态是面向对象程序设计的基本特征。

1.2.1　抽象

分类是人们在认识客观世界时经常采用的思维方法，所以才有"物以类聚、人以群分"这种说法。分类所依据的原则就是抽象（abstract）。抽象就是忽略事物中与当前目标无关的非本质特征，而强调与当前目标有关的本质特征，从而找出事物的共性，并把有共性的事物划为一类，得到一个抽象的概念。

面向对象编程技术中的抽象包括两方面：数据抽象和行为抽象。其中，数据抽象描述某类对象共有的本质特征或属性。例如，对于学生对象，只需关心其学号、班级、姓名、成绩等重要特征，而忽略其体重、身高等次要特征。行为抽象描述某类对象共有的行为特征。在前面我们建立的 Circle 类中，每个圆对象的特征都是用半径来描述的，计算圆面积的算法或行为都是一样的。

数据抽象：
```
    double radius;
```
行为抽象：
```
    Circle(double r = 0);
    double GetArea();
    void OutputArea();
```

1.2.2　封装

在日常生活中，对某种物品的使用，我们只关心其功能，而并不关心其工作原理。例如，对于电视这种物品，普通用户只需通过按键打开电视并选择想看的节目就行了，并不关心节目显示到屏幕上的原理是什么。

面向对象编程技术中的封装（encapsulation）就是采用了同样的思想。把抽象出来的同类对象的属性和行为用一对花括号封装起来，就形成了一个新的抽象数据类型（abstract data type），或称为类。如例 1-2 中的 Circle 类，其中封装了描述私有属性的数据成员 radius 和三个描述公有行为的成员函数。这种封装的效果是：类对象的私有数据只能由这个对象的成员函数使用和修改，外界不能直接访问。

类的公有成员声明部分就是类的对外接口。例如，例 1-2 中的 Circle 类，其接口如表 1-1 所示。

表 1-1　Circle 类的接口

类名	接口

Circle	Circle(double r = 0);
	double GetArea();
	void OutputArea();

设计类时，将其接口与实现部分分离，隐藏内部实现细节，称为对实现的隐藏。对于类的用户来说，只能通过接口使用类的功能，而不能访问其实现细节，这样处理不仅增强了类定义代码或类库的安全性，而且当类库设计者修改类内实现细节时，也不影响用户的使用。

Circle 就是一种已经定义好的数据类型，我们可以像使用基本数据类型一样，创建一个 Circle 类的对象，并向这个对象发出消息，请求它做某件事情。例如，创建一个半径为 3 的 Circle 对象，请求将它的面积输出到屏幕上：

```
Circle circle(3);        //创建半径为 3 的 Circle 类对象 circle
circle.OutputArea();     //输出圆的面积到屏幕
```

每个可能的请求都对应一个成员函数，当向对象发出请求时，外界通过公有接口与类对象发生联系，调用对象的成员函数，这个过程一般称为向对象发送消息（sending a message），或称为提出请求，对象根据这个消息确定要做什么（执行函数代码）。基于对象的程序设计就是生成对象、向对象发送消息的过程。

1.2.3　继承

现实生活中有很多继承（inheritance）的例子。例如，子女与父母的长相相似，是因为继承了父母的一些面部特征，同时子女也会有与父母不同的地方，这是一种"is-like-a"的关系，即我们可以说"子女像父母"。再如，关于交通工具的类层次，也可以用继承关系来表达。交通工具可以分为海洋交通工具、陆地交通工具、天空交通工具三大类，其中陆地交通工具又可分为火车、汽车等，汽车又可分为公交车、私家车等，公交车进一步可分为北京市公交车、上海市公交车等，北京市公交车还可细分为 105 路、355 路等线路的公交车，这是一种"is-a"的关系，即我们可以说"汽车是交通工具"。

在面向对象程序设计中，可以利用继承原理，在原有类型的基础上派生出新的类型。

假如我们先设计了一个 Shape 类，其中包含成员函数 draw()、erase()、GetArea()。在 Shape 类的基础上可以用继承的方式派生出新的类，如 Circle、Square、Triangle 等，其中 Shape 称为基类，其余三个称为派生类或者子类，如图 1-1 所示。子类继承了基类中的所有成员（构造函数、析构函数、赋值函数除外），并可以增加新的成员，也可以对基类中的某个成员在子类中进行重新定义。例如，在本例中，Circle、Square、Triangle 类继承了基类中的 draw()、erase()成员函数，但对 GetArea()进行了重新定义，因为对于不同的几何形状，其求面积的算法是不一样的。基类具有它的所有派生类所共有的特征和行为。

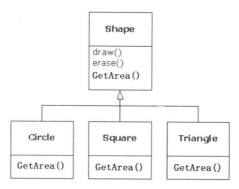

图 1-1　Shape 类及其子类的继承关系

继承提供一种代码重用方式。在类型设计时，继承的作用主要有两个：一是避免公用代码的重复开发，减少程序的代码冗余；二是重用接口，或者说减少相关新类型的接口。

如果没有继承机制，每次软件开发都要从零开始，不能重用已有的代码，软件开发的工作效率会很低，而且相关类型之间的逻辑关系不能很好地表达出来。

1.2.4　多态

从字面理解，多态（polymorphism）是指一个事物有多种形态。在面向对象程序设计中，多态是指具有不同功能的函数可以用同一个函数名，这样就可以用一个函数名调用不同实现内容的函数。在面向对象程序设计中，强调的是动态的多态，也就是说，在程序运行过程中，对于同样的消息，不同的对象会产生不同的行为。

就像在现实生活中，学校在 7 月通知下学期 9 月 1 日开学，那么在接下来的日子里，不同的对象就会产生不同的行为：教务处相关人员要提前安排好课表，学生要做入学的准备，老师要利用暑假备好课等。

C++支持两种多态，一是编译时的多态，又称为早绑定（early binding）或静态绑定（static binding），通过重载同一作用域内的函数名来实现；二是运行时的多态，又称为晚绑定（late binding）或动态绑定（dynamic binding），通过在派生类中声明同名的虚（virtual）函数来实现。

多态是面向对象程序设计的一个重要特征，主要是为了让处理基类对象的程序代码能够完全无阻碍地处理派生类对象，或者说对于同样的消息（函数调用），在被新类型对象接收时能产生新的行为，即原来的程序代码不受新类型的影响。

1.3 程序的编译、连接与运行

要得到一个用 C++设计的可执行文件，通常需经过编辑、编译、连接几个步骤。首先用编辑器编辑一个 C++源程序，如前面的 ex1-1.cpp；然后利用 C++编译器对源程序进行编译，形成目标文件 ex1-1.obj；再通过连接程序将目标文件变成可执行文件。在多文件应用程序（如一个程序中包含多个.cpp 源程序）中，编译过程会产生多个目标文件，连接时要将多个目标文件及需要的库文件连在一起，最后生成一个后缀名为.exe 的可执行文件。

在编译和连接时，一般会对程序中的错误进行检查，并将查出的错误显示在屏幕上。编译阶段查出的错误是语法错误，连接阶段查出的错误是连接错误。在编辑、编译、连接的过程中一般需要反复调试与修改才能得到正确的可执行文件。

本书的例程都是用标准 C++编写的，与用哪个编译器关系不大。不过现在的程序开发一般都使用集成开发环境（Integrated Development Environment，IDE）进行，例如，Windows 平台的 Visual Studio（简称 VS）包含了 C++代码编辑器、编译及连接器、调试器等，在安装 Visual Studio 时把 C++支持包选上就可以了。

读者可以在 Visual Studio 官网下载、安装 Visual Studio 2019 Community 版本开发环境，安装时勾选[使用 C++的桌面开发]复选框即可。下面就以例 1-1 中的程序为例，介绍建立 C++控制台应用程序的步骤。

（1）启动 Visual Studio 2019，选择[创建新项目]选项，弹出[创建新项目]对话框。

（2）创建一个新项目（Project）。

■ 选择[空项目]选项，单击[下一步]按钮，弹出[配置新项目]对话框。

■ 如图 1-2 所示，在[配置新项目]对话框中，输入新建的项目名称（如 Project1）及项目存放的位置（如 D:\），勾选[将解决方案和项目放在同一目录中]复选框，单击[创建]按钮，于是在输入的位置下就创建了一个项目，项目名称为 Project1。

图 1-2　配置新项目

（3）新建 C++源程序文件。

■　选择菜单命令[项目]-[添加新项]，弹出[添加新项-Project1]对话框。

■　选择[C++文件]选项，并填入文件名称（如 ex1-1.cpp），单击[添加]按钮，完成新建 C++源程序文件（.cpp 文件），如图 1-3 所示。这时在 Project1 文件夹下就建立了 ex1-1.cpp 文件。如果在[添加新项-Project1]对话框中，选择[头文件]选项，那么可以新建 C++头文件（.h 文件）。用同样的方法，可以在 Project1 中新建多个.h 文件和.cpp 文件。

图 1-3　新建 C++源程序文件

（4）编辑 C++源程序文件内容。

■　在 ex1-1.cpp 文件编辑窗口中输入例 1-1 中的代码。

■　选择菜单命令[文件]-[保存]，保存这个文件。

同一个项目可以包含多个.h 文件和.cpp 文件，其中一个.cpp 文件就是一个编译单元。但是 main()函数只能存在于其中一个.cpp 文件中，这是程序执行的入口。

本例中只有一个.cpp 文件。

（5）编译、连接与执行。

■　选择菜单命令[生成]-[编译]，对源程序进行编译，产生目标文件 ex1-1.obj。如果正确输入了源程序，此时便成功地生成了目标文件 ex1-1.obj；如果程序有语法错误，那么屏幕下方的错误列表中会显示错误信息，根据这些错误信息对源程序进行修改后，可重新对源程序进行编译。如果项目中有多个.cpp 文件，那么可以分别进行编译并生成相应的目标文件。

■　选择菜单命令[生成]-[生成 Project1]，对目标文件进行连接，如果连接正确，那么可以生成可执行文件 Project1.exe。

■ 如果代码没有错误，也可以通过菜单命令[调试]-[开始执行（不调试）]直接生成 Project1.exe 并运行。

（6）选择菜单命令[文件]-[退出]，可退出 Visual Studio 2019。

初学者容易把 C++和 C++的开发环境（如 Microsoft Visual C++）弄混，错误地认为后者是前者的升级版本。C++是一门计算机编程语言，而 Visual C++是编译、调试 C++程序的一种软件开发工具，类似这样的工具还有 Borland C++、GCC 等。

1.4 C++标准库简介

C++标准库（standard library）定义了一些可直接使用的函数、类、对象等。这些定义分别放在不同的头文件中，使用时只要包含（include）相应的头文件即可。

以前的 C 语言头文件和 C++头文件名都是以".h"作为后缀的，如<stdio.h>和<iostream.h>。新的 C++标准头文件名不带后缀，以字母 c 开头的标准头文件（如<cstdio>）等价于原来的 C 语言头文件，新标准头文件中的类和函数大多是基于模板定义的。为了叙述简单，本书在介绍 C++标准库内容时有时会省略"模板"二字。

标准头文件中定义的标识符（如类名、函数名、对象名）都归属于名字空间 std，使用时要加前缀"std::"进行限制，否则要使用 using 声明或 using 指令。

下面简单介绍 C++标准库的主要内容，在第 10 章将进行更详细的介绍。

C++标准库主要包括 C 语言标准函数、语言支持、诊断、通用工具（general utilities）、本地化、string、流类、数值运算、标准模板库（Standard Template Library，STL）等，其主要构成如下。

■ **C 语言标准函数**，基本保持了与原有 C 语言函数库的良好兼容。

■ **语言支持**，提供程序运行所需的功能，如动态存储分配、运行时类型识别等。

■ **诊断**，提供程序诊断和报错的功能，包含异常处理、断言（assertion）等。

■ **通用工具**，为 C++标准库的其他部分提供支持，也可以在自己的程序中调用相应的功能。

■ **本地化**，使体现自然语言或文化差异的特征本地化，如日期输出格式、货币表示符号等。

■ **流类**，提供对输入/输出的基本支持，保持了以前流类库的功能，但是被模板化了，继承层次结构也做了部分修改，增强了抛出异常的能力。

■ **数值运算**，包含一些数学运算功能，支持复数运算。

■ **标准模板库**，主要包括容器、算法、迭代器等。这部分提供了最常见的数据结构及操作这些数据结构的基本算法。其中，string 用于表示和处理文本，比基于 char*的字符串具有更好的性能。

图 1-4 可以简单表明 C++标准库的构成。在 C++标准库中，STL 占据相当重要的地位，它包含了计算机科学领域许多常用的数据结构和基本算法。

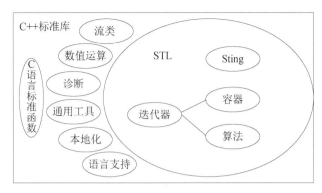

图 1-4　C++标准库的构成

基于 C++标准库编写的程序不受开发环境的影响，可移植性好。来自不同企业的开发环境一般也为用户提供一个类库，如 Microsoft Visual C++的 MFC（Microsoft Foundation Class Library），Borland C++ Builder 的 VCL（Visual Component Library）等。软件开发人员也可以编写自己的类库。

本书只涉及 C++标准库的内容，而对不同的开发环境及其类库不做具体介绍。

1.5　小结

面向对象编程技术的基本特征是抽象、封装、继承和多态。抽象包括数据抽象和行为抽象两方面，把抽象出来的同类对象的属性和行为封装起来就形成一个新类型，通过继承和多态机制可以继续扩展数据类型。利用面向对象思想编写的程序，代码重用性好、容易扩展、便于后期维护，适用于解决复杂问题和开发大型软件。

C++是一个功能强大的计算机编程语言，为了使编写的 C++程序具有比较好的可移植性，读者应基于 C++标准库编写程序。另外应至少熟悉一种 C++开发环境，并能够在这个环境下编译调试自己的 C++程序。

习　题　1

1. 熟悉一种 C++集成开发环境，如 Visual Studio 2019，并根据建立标准 C++控制台应用程序的步骤，生成例 1-1 的可执行文件 Project1.exe，然后运行这个程序。

2. 修改例 1-1 的程序，编写求圆的周长的源程序，在集成开发环境下调试、运行这个程序，进一步熟悉 C++程序的编辑、编译、连接、调试、运行过程。

3. 画出 1.2.3 节中交通工具的类继承关系图。

第 2 章

C++编程基础

内容提要

本章介绍 C++程序设计的基础，目标是使读者掌握 C++的基本概念和基本语法，内容包括 C++的词法规则、数据类型、表达式与语句、预处理命令、名字空间等，并通过实例讲解 C++基础语法知识，在此基础上使读者能够编写出简单的 C++程序。

2.1 C++的词法规则

所有语言系统都是由字符和规则组成的，C++也一样。"字符"是语言的最基本语法单位。按照一定规则，由字符可以组成"单词"，由词可以组成"语句"，由语句可以组成"程序"。

2.1.1 字符集

C++的字符集由下述字符构成。

- 英文字母：A~Z，a~z。
- 数字字符：0~9。
- 特殊字符：如表 2-1 所示。

表 2-1 特殊字符

空格	!	#	%	^	&	*
+	-	<	>	/	\	=
'	"	;	.	,	()	[ ]
|	~	{}	:	?	_（下画线）	

ASCII 码（参见附录）是美国标准信息交换码（American Standard Code for Information Interchanges），它建立了 128 个字符与 7 位二进制数 0000000~1111111（共 128 个数码）的对应关系。码值在 032~126 之间的为可打印字符，它们中的大部分构成了 C++的基本字符集；其他码值的字符为控制字符。一般一个字符的代码占用 1 字节，用 8 位二进制编码可表示 0~255（共 256 个字符）。在扩展的 ASCII 码表中，128~255 一般是不同语言的特殊字符。

C++将字符和它的码值同等看待，字符对应的数值就是该字符的 ASCII 码值。

例 2-1. 字符与 ASCII 码值。

```
//****************************************************
//例 2-1. 字符与 ASCII 码值
//ex2-1.cpp
//****************************************************
#include <iostream>
using namespace std;
int main()
{
    char ch = 'A';  //定义 char 型变量 ch，初始化为字符'A'
    int a = ch;      //定义 int 型变量 a，初始化为'A'的码值，即 65
    cout << " ch= " << ch << endl;
    cout << " a= " << a << endl;
    return 0;
}
```

运行结果：

```
ch= A
a= 65
```

2.1.2　单词

单词由一个或者多个字符组成。下面介绍 C++的关键字、标识符、运算符、分隔符、文字。

1. 关键字

关键字是 C++预定义的单词，它们在程序中表达特定的含义。C++不允许对关键字进行重定义。表 2-2 列举出了 C++中的关键字，大部分关键字的意义和用法将在后面逐步进行介绍。

表 2-2　C++中的关键字

asm	auto	bool	break	case	catch	char
class	const	const_cast	continue	default	delete	do
double	dynamic_cast	else	enum	explicit	export	extern
false	float	for	friend	goto	if	inline
int	long	mutable	namespace	new	operator	private
protected	public	register	reinterpret_cast	return	short	signed
sizeof	static	static_cast	struct	switch	template	this
throw	true	try	typedef	typeid	typename	union
unsigned	using	virtual	void	volatile	wchar_t	while

2. 标识符

标识符是程序员声明的单词，如函数名、类名、对象名等。C++标识符的语法规则如下。

- 以字母或者下画线开始，由字母、数字或者下画线组成。
- 大写字母和小写字母表示不同的标识符。
- 不能使用 C++预定义的关键字。

例如，_mybook、MyBook、mybook、My_book2 都是合法的标识符，其中 MyBook 和 mybook 表示不同的标识符，而 2a、x+y、new 则是不合法的表示形式。

C++没有规定标识符的最大长度，即字符个数，但不同的编译系统有不同的识别长度，如有的系统只识别前 32 个字符。

3. 运算符

运算符是指实现各种运算的符号，如+、−、*、/等。在 C++中，运算符是预定义的函数的名字，这些函数对参与运算的数值进行规定的运算，得到一个结果值。后面将详细讨论 C++的一些运算符。

4. 分隔符

分隔符用于分割各个单词或者程序正文。C++常用的分隔符包括空格、制表符（Tab 键产生的字符）、换行符（Enter 键产生的字符）、逗号、冒号、分号、圆括号、花括号、注释符等。

5. 文字

文字在程序中直接表示常量值。

2.2　C++的数据类型

在编写程序时，数据类型决定了使用内存空间的方式。通过定义数据类型，告诉编译器如何为该类型的变量或对象分配一块内存，以及如何使用这块内存。

C++的数据类型包括基本数据类型、自定义数据类型和扩展数据类型。这三种类型的交叉使用，构成了 C++丰富多彩的数据类型。

基本数据类型是 C++预定义的数据类型，通常包括布尔型（bool）、字符型（char）、整型（int）、浮点型（float、double）、空类型（void）。可以利用修饰符对基本数据类型进行扩展。例如，signed、unsigned 可用来修饰字符型和整型，long 可用来修饰整型和双精度浮点型，short 可用来修饰整型。

在基本数据类型或者已定义的数据类型的基础上，用户可以根据自己的需要构造出新的数据类型，如枚举、联合、结构、类等，通常称为用户自定义数据类型。将数据与操作数据的算法（函数）封装在一起所建立的类型，又称为抽象数据类型，在面向对象编程中通常指类（class）类型。

在已定义的数据类型的基础上，结合某些修饰符（如[]、*、&、()）或者关键字（如const）可以得到扩展数据类型，如数组、指针、引用等。

2.2.1　基本数据类型

C++的基本数据类型如表 2-3 所示。在 ISO C++标准中，只规定了各基本数据类型的数据长度之间的关系，没有明确规定每种类型所占的机器字节数，表 2-3 列出的是 Visual Studio 2019 开发环境的情况。其中，[int]表示 int，可以省略，1 字节等于 8 个二进制位。

表 2-3　C++的基本数据类型

类型名	说　　明	长度（字节数）	取 值 范 围
bool	布尔型	1	false、true
char	字符型	1	−128～127
signed char	有符号字符型	1	−128～127
unsigned char	无符号字符型	1	0～255
short [int]	短整型	2	−32768～32767
signed short [int]	有符号短整型	2	−32768～32767
unsigned short [int]	无符号短整型	2	0～65535
int	整型	4	−2147483648～2147483647
signed [int]	有符号整型	4	−2147483648～2147483647
unsigned [int]	无符号整型	4	0～4294967295
long [int]	长整型	4	−2147483648～2147483647
signed long [int]	有符号长整型	4	−2147483648～2147483647
unsigned long [int]	无符号长整型	4	0～4294967295
float	单精度浮点型	4	$−3.4×10^{38}～3.4×10^{38}$
double	双精度浮点型	8	$−1.7×10^{308}～1.7×10^{308}$
long double	长双精度浮点型	8	$−1.7×10^{308}～1.7×10^{308}$
void	空类型	—	—

- **布尔型**（bool），又称逻辑型，占用内存 1 字节，用来表示逻辑值或者逻辑运算结果。其值只能是真（true）或假（false）两种情况。
- **字符型**（char），通常用来表示单个 ASCII 字符或者相应的整数值，占用内存 1 字节。字符型数据在内存中以 ASCII 码值的形式存储。

基本数据类型中没有字符串类型。

- **整型**（int），通过修饰符 short、long、signed、unsigned 的作用，形成了不同长度（占内存的字节数）、不同取值范围的多个整数类型，具体见表 2-3。
- **浮点型**（float、double），浮点型又有单精度、双精度和长双精度之分，具体见表 2-3。浮点型数值就是通常说的实数。
- **空类型**（void），用来表示函数无返回值或者指针所指对象的类型不明确。关于函数与指针的概念将在后面进行介绍。

可以利用运算符 sizeof，测试在自己的机器环境下某种数据类型所占的内存大小。sizeof 是一个运算符，用它可以得到任何数据类型或对象所占的字节数。

例 2-2. 利用运算符 sizeof 得到不同数据类型占用的字节数。

```
//*****************************************************
//例2-2. 利用运算符sizeof得到不同数据类型占用的字节数
//ex2-2.cpp
//*****************************************************
#include <iostream>
using namespace std;
int main()
{
    double d = 0.5;
    cout << "sizeof(bool): " << sizeof(bool) << endl;
    cout << "sizeof(char): " << sizeof(char) << endl;
    cout << "sizeof(int): " << sizeof(int) << endl;
    cout << "sizeof(float): " << sizeof(float) << endl;
    cout << "sizeof(d): " << sizeof(d)<< endl;
    cout << "sizeof(long double): " << sizeof(long double) << endl;
    return 0;
}
```

运行结果：

```
sizeof(bool): 1
sizeof(char): 1
sizeof(int): 4
sizeof(float): 4
sizeof(d): 8
sizeof(long double): 8
```

对于不同的机器环境，上述运行结果也许会有所不同。

2.2.2 常量与变量

在程序运行过程中，其值可以改变的量称为变量，其值不可改变的量称为常量。

1. 文字

文字包括布尔文字、整型文字、浮点型文字、字符文字和字符串文字。

（1）布尔文字，只有两个，即 true 和 false。

（2）整型文字，即以文字形式表示的整数。通常规定当表示长整型数值时，用后缀字母 L 或者 l；当表示无符号整型数值时，用后缀字母 U 或者 u。例如，–1000L 表示长整数，1000UL 表示无符号长整数，U 和 L 不分前后。整型常量可以用十进制整数、八进制整数或十六进制整数表示。

- 十进制整数，由数字 0～9 组成，但不能以 0 开始，没有小数点，可以带正、负号，如 2006、–1000L、+7256UL 等都是合法的十进制整数。

- 八进制整数，以 0 为前缀，由数字 0～7 组成，没有小数点，只能表示正整数。例如，八进制数 025 等于十进制数 21，八进制数 0767L 等于十进制数 503，L 为长整数后缀。
- 十六进制整数，以 0x 或者 0X 为前缀，由数字 0～9 及字母 a～f（或 A～F）组成，没有小数点，只能表示正整数。例如，十六进制数 0x25 等于十进制数 37，十六进制数 0x76fL 等于十进制数 1903，L 为长整数后缀。

（3）浮点型文字。通常规定，单精度浮点数（float）的后缀为 F 或 f，长双精度浮点数（long double）的后缀为 L 或 l，而不加后缀的浮点数默认为双精度（double）浮点数。

浮点数可以表示为一般形式，或者指数形式。一般形式如 12.5、.65F、−45.、−0.8 等；指数形式如 2.5E-3 表示 double 2.5×10^{-3}，1e+5F 表示 float 10^5，28E12L 表示 long double 2.8×10^{12}。

（4）字符文字，指用单引号括起来的一个字符，如'A'、'&'、'4'、' '等。空格也是一个字符。

'A'表示字符，A 表示标识符；'4'表示字符，4 表示整数值。

除直接用字符表示之外，还可以用八进制数或十六进制数的 ASCII 码值表示，前面要加上反斜杠"\"，表示把整数转换为字符。例如：
- \ddd 是用 3 位八进制数 ASCII 码值表示的字符；
- \xhh 是用 2 位十六进制数 ASCII 码值表示的字符。

又如，字符 'A' 又可以表示为 '\101'，或者 '\x41'。

对于常用的不可见控制符，C++用简洁的转义字符表示，如 '\n' 表示换行符。表 2-4 列出了 C++常用的转义字符。

表 2-4　C++常用的转义字符

字符形式	名　　称	值	字符形式	名　　称	值
\0	空字符（Null）	0x00	\t	水平制表	0x09
\n	换行	0x0A	\v	垂直制表	0x0B
\f	换页	0x0C	\\	反斜杠	0x5C
\r	回车	0x0D	\?	问号	0x3F
\b	退格（BackSpace）	0x08	\'	单引号	0x27
\a	响铃	0x07	\"	双引号	0x22

字符 '0' 和字符 '\0' 是不同的。前者表示字符 0，它的 ASCII 码值是十进制数 48；后者表示 ASCII 码值为 0 的字符，称为空字符。

（5）字符串文字，指用双引号括起的字符序列。该序列可以包含一个字符，也可以包含多个字符，还可以没有字符，没有字符的称为空串。

字符常量与字符串常量在内存中的存放形式是不同的。字符常量在内存中占 1 字节，而字符串常量除按顺序使每个字符占 1 字节外，末尾还要添加 '\0' 作为结束标记。因此，字符 'a' 占 1 字节，而字符串 "a" 占 2 字节。

类似 100、3.14、'a'、"book"、0.5E-3 这样的文字，在程序运行时直接参与运算。

例 2-3. 文字输出。

```
//*****************************************************
//例 2-3. 文字输出
//ex2-3.cpp
//*****************************************************
#include <iostream>
using namespace std;
int main()
{
    //下面输出文字到屏幕上，中间用制表符分开
    cout << 100 << '\t' << 3.14 << '\t' << 'a' << '\t' << "book" << endl;
    cout << '\a';   //输出一声响铃
    return 0;
}
```

运行结果：

```
100  3.14  a  book
（一声响铃）
```

2. 变量与对象

变量（或对象）一般具有名称（通过 new 创建的对象没有名称）、类型、数值、地址这 4 个要素。定义变量时，系统会在内存中为该变量分配一块连续区域，变量的地址就是该区域的起始地址。变量的值可以改变。

对象的原意是指客观存在的实体。面向对象编程中的对象，强调占用分配好的、具体的一块内存区域，即具有唯一的地址。每个对象都与一个特定的数据类型相关联，这个类型决定了相关内存的大小、布局、能够存储在该区域的值的范围及可以对该区域进行哪些操作等。数据类型不仅包括基本数据类型，还包括抽象数据类型。当对象的值可以改变时，就是变量；有时对象的值不能改变（如 const 对象）。

1）对象的声明和定义

标识符（如对象名、类名、函数名等）在使用之前要先进行声明或定义。声明和定义一般是有区别的：声明是告诉编译器"这个标识符在某处进行了定义"；定义是说"在这里建立对象、函数等"，并分配相应的存储空间。对于对象，编译器开辟合适的内存空间来保存其数据；对于函数，其代码也要占用一定的内存。

大多数情况下对象声明也就是定义，只有在对全局对象进行 extern 声明时例外。

在同一语句中可以同时声明多个同类型的对象。例如，下面的语句声明了 4 个 float 型的对象：

```
float f1, f2, f3, f4;
```

声明的同时可以为对象赋初值。例如，下面的语句定义了一个初值为 2.5 的 float 型变量 f：

```
float f = 2.5;
```
或者
```
float f(2.5);
```

编程时应该养成为新定义对象赋初值的习惯。基本数据类型的局部变量如果不指定初值，那么它的初值将处于无意义的随机状态；全局变量和静态变量如果不指定初值，那么初值默认为 0。类对象通过调用构造函数进行初始化。

对象被初始化后，就一直保留初值，直到被再次修改时为止。例如：

```
float f1 = 2.5;      //f1 的值被初始化为 2.5
float f2 = 3.5;      //f2 的值被初始化为 3.5
f1 = f2;             //f1 的值被更新为 3.5，注意 f1 和 f2 都是 float 类型变量
```

2）标识符的作用域和可见性

标识符的作用域指标识符在程序正文中的有效范围，如函数域、类域、名字空间域、文件域（编译单元内有效，一个包含头文件内容的完整.cpp 文件就是一个编译单元）等。标识符只有在它的作用域内才能使用。

一对花括号之间的代码构成一个程序块（如函数体、复合语句）。在程序块内定义的对象是局部对象，局部对象的作用域从对象的定义点开始，到程序块结束为止。函数（包括主函数）内部定义的对象都是局部对象。

可见性讨论的是标识符能否被使用。在具有包含关系的局部作用域中，同名的内层对象将屏蔽外层对象。这时外层对象的标识符是不可见的。例如：

```
void fun()
{
    int a = 5;           //定义外层对象 a
    {
        int a = 2;       //定义内层同名对象 a
        int c = a * 3;   //c=6，使用的是内层对象 a，外层对象 a 被屏蔽
    }                    //内层 a 和 c 的作用域结束
    int c = a * 3;       //c=15，使用的是外层对象 a
}                        //外层 a 和 c 的作用域结束
```

在同一个作用域中，不能对同一个标识符进行多次定义。

在函数、类、名字空间之外定义的对象，默认情况下的作用范围具有全局性，即在整个程序运行期间起作用，所以称为全局对象。在局部作用域内，同名的局部对象将屏蔽全局对象。若想在局部作用域内使用全局对象，则应利用作用域运算符 "::"，目的是告诉编译器这里用的是全局对象。

例 2-4. 标识符的作用域。

```
//*******************************************************
//例 2-4．标识符的作用域
//ex2-4.cpp
//*******************************************************
```

```
#include <iostream>
using namespace std;
int a = 5;                          //定义全局对象a
int main()
    {
        {
            int a = 2;              //定义局部对象a
            int c1 = a * 3;         //c1=6，使用的是局部对象a
            int c2 = ::a * 3;       //c2=15，使用的是全局对象a
            cout << " c1= " << c1 << endl;
            cout << " c2= " << c2 << endl;
        }   //局部对象a的作用域结束
        return 0;
    }           //全局对象a的作用域结束
```

运行结果：

```
c1= 6
c2= 15
```

如果一个程序包含多个编译单元（多个.cpp 文件），那么在一个编译单元中定义的全局对象不仅在该编译单元可用，而且在其他编译单元也可用。不过在其他编译单元中使用前，要先进行 extern 声明。extern 的作用是告诉编译器，这个对象在另一个编译单元中进行了定义。函数的情况也类似。

在下面的例子中，对象 globe 是在文件 ex2-5_1.cpp 中定义的，在文件 ex2-5_2.cpp 中也可以使用 globe。由于两个文件的代码是分开编译的，因此在 ex2-5_2.cpp 中必须对对象 globe 进行 extern 声明。在文件 ex2-5_1.cpp 中，由于函数 func()的定义在后面，因此要在调用该函数之前进行函数声明。另外，函数 fun()在 ex2-5_2.cpp 中定义，在 ex2-5_1.cpp 中调用，要在调用前进行声明，函数声明可以没有 extern 关键字。

例 2-5. 全局对象举例。

```
//****************************************************
//例 2-5. 全局对象举例
//ex2-5_1.cpp
//该文件对应的目标码与ex2-5_2对应的目标码进行连接
//从该文件生成可执行文件
//****************************************************
#include <iostream>
using namespace std;
//以下为全局对象定义及函数声明
int globe = 0;        //建立全局对象globe
void fun();           //函数声明，函数fun()在文件ex2-5_2.cpp中定义
void func() ;         //函数声明，函数func()在主函数后进行定义
//以下为主函数
int main()
{
```

```
    func();              //调用函数 func()
    globe = 12;          //改变全局对象的值
    cout << globe << endl;
    fun();               //调用函数 fun()修改 globe 的值
    cout << globe << endl;
    return 0;
}
//func()函数定义
void func() { cout << globe << endl; }

//************************************************
//例 2-5. 全局对象举例
//ex2-5_2.cpp
//不要从该文件生成可执行文件
//************************************************
extern int globe;  //声明对象 globe 为 extern，该对象在文件 ex2-5_1.cpp 中定义
void fun()             //fun()函数定义
{
    globe = 47;        //修改全局对象 globe 的值
}
```
运行结果：
```
0
12
47
```

对于包含多个编译单元的程序，若想使全局对象只在定义它的编译单元中起作用，则可以声明它为 static。这时，在其他编译单元中即使进行 extern 声明，仍然不能使用该对象。

例 2-6. 只在编译单元内起作用的对象。

```
//************************************************
//例 2-6. 只在编译单元内起作用的对象
//ex2-6_1.cpp
//对象 fs 只在本文件可用
//该文件目标码与 ex2-6_2.cpp 的目标码进行连接时，将报错
//************************************************
#include <iostream>
using namespace std;
//以下为全局对象定义及函数声明
static int fs = 0; //定义静态对象
void func();            //函数 func 在 ex2-6_2.cpp 中定义
//以下为主函数
int main()
{
    fs = 1;
    return 0;
}
```

```
//**********************************************
//例2-6. 编译单元内起作用的对象
//ex2-6_2.cpp
//该文件编译时可以通过，但连接时会出错
//**********************************************
extern int fs;    //虽然进行extern声明，但此文件中仍不能用fs
void func()
{
    //fs = 100; //错误! 此处不可用fs，它只能在文件ex2-6_1.cpp中使用
}
```

3）对象的生存期

程序中的对象一般在需要时被创建，在不需要时则从内存中被删除。在创建和删除之间所经历的时间称为对象的生存期。

一般地，局部对象的生存期与它的作用域同在，也就是开始于程序运行到其定义点时，而结束于作用域结束处。而全局对象的生存期与程序的整个运行过程同在。如果想使一个对象在整个程序运行过程中都存在，同时又不希望像全局对象那样存在安全隐患（因为全局对象随处可用，这意味着全局对象的值很容易被改变），那么可声明静态（static）局部对象。在编写面向对象程序时，要尽量少用全局对象，而多用静态局部对象代替。

声明静态局部对象时，一般要进行初始化。对于函数内部定义的静态对象，初始化只在第一次函数调用时执行。

例2-7. 函数内部定义的静态对象。

```
//**********************************************
//例2-7. 函数内部定义的静态对象
//ex2-7.cpp
//**********************************************
#include <iostream>
using namespace std;
//fun()函数定义
void fun()
{
    static int i = 3;    //在fun()函数内定义静态对象i
    i = i + 1;
    cout << i;
}
//主函数
int main()
{
    fun();
    //cout << i;          //错误! 此处不可以使用i
    cout << ", ";
    fun();
```

```
        return 0;
    }
```

运行结果：

```
    4, 5
```

在上面的例子中，主函数中不能使用 i。这时 i 虽然存在于内存中，但只有在函数 fun() 的内部才可以使用。

第一次调用函数时，静态对象 i 被初始化为 3，执行完 i=i+1 后，i 的值变为 4。函数第一次调用结束后，对象 i 保留在内存中，值为 4。第二次调用函数时，不再对 i 进行初始化，因为静态对象 i 已经存在。再次执行完 i=i+1 后，i 的值变为 5。

若 i 不是静态对象，则程序的运行结果是 "4, 4"。第一次调用函数时，对象 i 被自动建立并初始化为 3，执行完 i=i+1 后，i 的值变为 4。函数执行完之后，这个对象在内存中就不存在了。第二次调用函数时，重新建立一个对象 i 并初始化为 3，执行完 i=i+1 后，其值变为 4。函数执行完之后，该对象在内存中被删除。

下面对对象的作用域和生存期进行总结。

- 一般局部对象的作用域从对象的定义点开始，到它所在的程序块结束为止；生存期与作用域同在。
- 静态局部对象的作用域与一般局部对象相同，生存期与整个程序同在。
- 一般全局对象在程序的任意地方都可以使用，生存期与整个程序同在。
- 静态全局对象具有文件作用域，生存期与整个程序同在。
- 用 new 建立的堆对象，其作用域和生存期由用户确定，具体后面将会讲解。

4）对象的存储

定义对象时，auto、register、static、extern 是影响对象存储类型的几个关键字。局部对象经常称为自动对象，因为它们在进入作用域时自动生成，离开作用域时自动消失。可以通过 auto 显式地声明一个对象为自动对象，但由于局部对象默认为 auto，因此定义时不必写出该关键字。另外，为了加快处理速度，可以通过 register 声明把一个对象存放在寄存器中。但这只是对编译器的一个建议，如今的优化编译器能够自己决定是否将某个对象放在寄存器中，因此编程时一般不用该关键字。

在创建对象时，系统要为对象分配一定的存储区域。不同类型的对象存储在内存中的不同区域，具体包括以下三种情况。

- 静态存储区（static storage）。全局对象、静态对象和函数一般存储于该区域，存储区是在程序开始运行之前分配的，这些存储区在程序的整个运行期间都存在。
- 栈区（stack）。程序运行期间进行内存分配的区域。在执行函数时，函数内一般局部变量的存储区都在栈上创建，函数执行结束时，这些存储区被自动释放。栈的内存分配运算内置于处理器的命令集中，效率很高，但是分配的内存容量有限。通过将对象存放在栈中或静态存储区中，使对象的存储和生存期可以在编程时确定，这样可以快速分配和释放内存，提高运行效率，但牺牲了灵活性，因为程序员写程序时要知道对象的准确数量、生存期和类型。
- 堆区（heap），也称为动态存储区。程序在运行的时候用运算符 new 申请内存，由程序员自己负责何时用运算符 delete 释放内存。动态内存的生存期由程序员决定，使用灵活，但容易出错。在堆上建立对象比在栈上建立对象需要更多的时间。关于 new 与 delete 的使用后面将会详细介绍。

下面通过例子说明不同存储类型的对象被分配在不同的内存区域中。

例 2-8. 内存分配方式举例。

```cpp
//********************************************************
//例 2-8. 内存分配方式举例
//ex2-8.cpp
//********************************************************
#include <iostream>
using namespace std;
//全局对象与函数定义
int dog1 = 0;              //定义全局对象
static int dog2 = 0;       //定义静态全局对象
void f()                   //定义函数
{
    static int cat1 = 0;   //定义静态局部对象
    int cat2 = 0;          //定义局部对象
    cout << "&cat1: " << &cat1<< endl; //输出对象 cat1 的地址
    cout << "&cat2: " << &cat2 << endl;//输出对象 cat2 的地址
}
//主函数
int main()
{
    int* p = new int(5);//用 new 建立初值为 5 的 int 对象，p 中存放该对象的地址
    int i = 0;              //定义局部对象
    static int j = 0;    //定义静态局部对象
    cout << "&dog1: " << &dog1 << endl;     //输出对象 dog1 的地址
    cout << "&dog2: " << &dog2 << endl;     //输出对象 dog2 的地址
    cout << "&f(): " << f << endl;          //输出函数 f() 的地址
    f();                                    //调用函数
    cout << "&(*p): " << p<< endl;          //输出动态对象的地址
    cout << "&p: " << &p<< endl;            //输出 p 的地址
    cout << "&i: " << &i<< endl;            //输出对象 i 的地址
    cout << "&j: " << & j << endl;          //输出对象 j 的地址
    cout << "&main(): " << main << endl;    //输出函数 main 的地址
    delete p;              //释放 p 所指向的内存区域
    return 0;
}
```

运行结果：

```
&dog1: 0047CDEC
&dog2: 0047CDF0
&f(): 004011B3
&cat1: 0047CDF4
```

```
&cat2: 0012FF14
&(*p): 003707A8
&p: 0012FF7C
&i: 0012FF78
&j: 0047CDF8
&main(): 0040122B
```

在上面的运行结果中，地址是用十六进制数表示的。从运行结果可以看出，不同存储类型的对象被分配在内存的不同区域中，函数代码也占用一定的内存区域。在这个例子中，全局对象和静态对象存于同一个区域中，函数代码存于一个区域，函数内局部对象存于一个区域，用 new 建立的堆对象存于一个区域。

3. 常量

在 C++标准化之前，当需要用符号表示常量时，常用"#define"命令来定义，例如：

```
#define PI 3.14159
```

其作用是在编译时进行字符置换，即将程序中的 PI 用 3.14159 代替。

标准 C++中的关键字 const 提供了定义常量的新方式。定义常量时，与定义变量的语法格式类似，只是在前面多了一个关键字 const。常量必须进行初始化，而且常量的值不能改变。下面的语句定义了一个 double 类型的常量 pi，其值为 3.14159。

```
const double pi = 3.14159;
```

const 定义的常量与变量一样具有数据类型，const 是类型修饰符之一，编译器可以对常量进行类型安全检查。而通过"#define"定义的 PI 只是一个符号，没有数据类型，不占用内存，使用时容易出错。因此，在 C++程序中应使用 const 定义常量。

在同一个编译单元中的函数、类、名字空间之外定义的 const 常量，默认情况下具有文件作用域，这一点与一般全局对象不同。在多文件程序中，如果想使一个 const 常量在整个程序可用，那么在定义时就要明确它是 extern 的。例如：

```
extern const double pi = 3.14159;
```

若定义 pi 时不带 extern，则 pi 只在定义它的编译单元内可用。

对 pi 进行 extern 声明后，就可以在声明它的编译单元内使用，声明形式如下：

```
extern const double pi;          //外部声明
```

4. volatile

volatile 的语法与 const 是一样的。关键字 const 告诉编译器"不要改变我"，而关键字 volatile 则告诉编译器"我可能会改变"。当编译器不进行优化时，volatile 不起作用；但当优化代码时，用该关键字可以防止出现重大错误。

2.2.3　自定义数据类型

在基本数据类型的基础上，用户可以根据需要构造出新的数据类型，如枚举、联合、结构、类等，这些都称为自定义数据类型。一旦定义了一种新的数据类型，就可以像使用 int 一样使用这种新类型。

1. 枚举

通过关键字 enum，可以定义一种枚举数据类型。例如：

```
enum Shape {CIRCLE = -10, SQUARE = 0, RECTANGLE = 10}; //分号不能少!
```

其中，Shape 就是新定义的数据类型的名字，花括号中的几个标识符称为枚举常量，它们之间用逗号分开。枚举常量属于 Shape 枚举类型，具有整数值。这几个枚举常量构成了枚举类型 Shape 的对象的值集，可用来初始化或更新枚举类型的对象。例如：

```
Shape sh = SQUARE;    //建立 Shape 类型的对象 sh, 其初值为 SQUARE
sh = RECTANGLE;       //将对象 sh 的值改为 RECTANGLE
```

如果觉得 Shape 类型难以接受，那么对照下面 int 型变量的建立情况，进一步理解这种 Shape 数据类型：

```
int i = 0;   //建立整型变量 i, 初值为 0
i = 10;      //将 i 的值改为 10
```

可以看出，int 与 Shape 的使用方法类似，只不过 int 是 C++内置的基本数据类型，而 Shape 是我们自己定义的数据类型。

上面例子中的三个枚举常量都带有初值。默认情况下，第一个枚举常量值为 0，后面的依次加 1。若某个枚举常量具有指定值，而后面的没有，则后面枚举常量的值在前面值的基础上加 1。例如，定义枚举类型 Color 如下：

```
enum Color {BLACK, GREEN, BLUE = 4, RED, YELLOW};
```

其中，BLACK 值为 0，GREEN 值为 1，RED 值为 5，YELLOW 值为 6。

2. 联合

通过关键字 union，可以定义一种联合数据类型。联合数据类型的对象把不同数据类型的数据重复放在同一段内存空间中，其空间的大小由最大的成员决定。使用联合数据类型可以节省内存。下面例子中的 UnionX 是定义的新类型的名字。

例 2-9. 联合数据类型举例。

```
//*********************************************************
//例 2-9. 联合数据类型举例
//ex2-9.cpp
//*********************************************************
#include <iostream>
using namespace std;
//定义 UnionX 联合数据类型
union UnionX
{
    int a;            //整型成员
    double b;         //双精度浮点型成员
}; //注意分号不能少!
//主函数
int main()
```

```
{
    UnionX  A;    //建立 UnionX 类型的对象 A
    A.a = 5;      //为对象 A 的成员 a 赋值 5，"."为成员访问运算符
    A.b = 7.6;    //为对象 A 的成员 b 赋值 7.6
    cout << sizeof(A.a) << " " << &A.a << endl;  //输出成员 a 的字节数及地址
    cout << sizeof(A.b) << " " << &A.b << endl;  //输出成员 b 的字节数及地址
    cout << sizeof(A) << " " << &A << endl;      //输出对象 A 的字节数及地址
    return 0;
}
```

运行结果：

```
4  0012FF78
8  0012FF78
8  0012FF78
```

从输出结果可以看出，UnionX 类型的对象所需要的字节数并不等于两个成员的字节数之和，而与其中最长的 double 数据成员一样，占用 8 字节。两个成员的存储地址是一样的。

3. 结构

通过关键字 struct，可以定义一种结构数据类型。一个学生的学号、姓名、年龄、成绩等分别属于不同的数据类型，但它们之间是有联系的，因为一组这样的信息是属于一个学生的。这时就适合用结构数据类型来表示。struct 类型的对象虽然也是由不同类型的数据构成的，但是与 union 不同的是，struct 的成员占用不同的存储区，具有不同的内存地址。将例 2-9 稍加改变，得到例 2-10。

例 2-10. 结构数据类型举例。

```
//**************************************************
//例 2-10. 结构数据类型举例
//ex2-10.cpp
//**************************************************
#include <iostream>
using namespace std;
//定义 StructX 结构数据类型，这是定义的新类型
struct StructX
{
    int a;        //整型成员
    double b;     //双精度浮点型成员
};  //注意分号不能少！
//主函数
int main()
{
    StructX  A; //建立 StructX 类型的对象 A
    A.a = 5;      //为对象 A 的成员 a 赋值 5，"."为成员访问运算符
    A.b = 7.6;    //为对象 A 的成员 b 赋值 7.6
    cout << sizeof(A.a) << " " << &A.a << endl;  //输出成员 a 的字节数及地址
```

```
        cout << sizeof(A.b) << " " << &A.b << endl;  //输出成员 b 的字节数及地址
        cout << sizeof(A) << " " << &A << endl;       //输出对象 A 的字节数及地址
        return 0;
    }
```

运行结果：

```
    4    00CFFA60
    8    00CFFA64
    12   00CFFA60
```

请读者自己分析：本例的运行结果为什么和上例有所不同。

如果该程序是在 Visual Studio 2019 环境下编译运行的，那么运行结果和结构成员字节对齐（struct member alignment）的设置有关系。在默认情况下，新建项目是 8 字节对齐的。要想得到上面的结果，应设置为 1、2 或 4 字节对齐。具体设置方法是：选择菜单命令[项目]-[属性]-[C/C++]-[代码生成]，然后将结构成员对齐项设置为 4 字节。

4. 类

上面的结构数据类型把不同类型的数据封装在一起。对于使用这些数据的算法（一般通过函数实现），是否也能把它们封装到一起？答案是肯定的，这样封装的结果，就是一种更抽象的数据类型，即类数据类型。

通过关键字 class，可以定义一种类数据类型，例如：

```
class ClassX          //定义 ClassX 类
{
public:               //下面的成员是公有的
    void SetData(int r1, int r2){ a=r1; b=r2; }   //成员函数 SetData()
private:              //下面的成员是私有的
    int a, b;        //声明 int 型数据成员 a 和 b
};  //注意分号不能少！
```

其中，class 是定义类的关键字，ClassX 是新类型的名字。public、private（另外还有 protected）是访问属性关键字，它们规定了类成员能否被外界访问。如果在定义类时没有明确规定成员的访问属性，那么所有的成员默认为 private 的。关于这三个关键字的深层含义，以及有关类的其他内容，将在后面的章节详细介绍。在这里，读者只需要建立一个初步认识就可以了。

定义完一个类之后，一般就可以创建这个类的对象了，例如：

```
ClassX object1, object2;        //创建两个 ClassX 类的对象
```

struct 中也可以封装成员函数。

struct 类型与 class 类型的区别是：默认情况下，class 中的成员具有 private 访问属性，而 struct 中的成员具有 public 访问属性。

可以把枚举 enum、联合 union 和结构 struct 视为类 class 的特殊情况。

5．类模板

为了减少程序员的重复劳动，对于功能相同而成员类型不同的类，C++允许声明一个通用的类模板。通过类模板可以生成不同的类。第 8 章将详细介绍类模板的定义与使用。

C++标准库为我们定义了很多可供直接使用的类（模板），如 string、pair、complex、valarray、流类、容器类、迭代器等，使用时只要包含相应的头文件即可。

2.2.4　扩展数据类型

在基本数据类型或者自定义数据类型的基础上，结合运用修饰符（如[]、*、&、()）或者关键字（如 const），可以得到扩展数据类型，如数组、指针、引用等。

1．数组

处理 1000 个整数时，除连续定义 1000 个 int 类型的变量之外，有没有更加简单的处理方式？答案是肯定的，就是利用数组。

数组是数目固定、类型相同的若干个对象的有序集合，这些对象称为数组的元素。

1）数组的定义

数组定义的一般形式为：

数据类型　数组名[维 1][维 2]… = {{初值列表},{初值列表}…};

"数据类型"是指数组元素的类型，可以是 int、float 等基本数据类型，也可以是用户自定义的数据类型、指针类型等。"数组名"对应着一块内存区域，其地址与容量在生命期内保持不变。"[]"是数组类型修饰符。"维"是 unsigned int 类型的数值，用来限制数组中元素的个数（数组大小）和元素的排列次序。包含一个"[]"的数组称为一维数组，包含两个"[]"的数组称为二维数组。定义数组时，"维"必须是确定的数值。初值列表用来初始化数组，也就是为数组元素提供初值。

下面通过例子说明数组的定义方式。

（1）一维数组的定义如下。

```
int a[5] = {2, 1, 3, 5, 6};
```

该语句定义了一个包含 5 个 int 型元素的一维数组 a，其类型为 int [5]。

对于已经定义的数组 a，a[i]（i=0, 1, 2, 3, 4）表示它的第 i+1 个元素。

第一个元素的下标是从 0 开始的。

该数组 5 个元素的初值分别为 2、1、3、5、6。

列表中初值的个数不能大于元素个数，但可以小于元素个数。当初值个数少于元素个数时，后面未提供初值的元素使用默认值初始化。

数组元素在内存中按 a[0]、a[1]、a[2]、a[3]、a[4]的顺序存放。

字符数组可以用字符文字列表初始化，或者用字符串文字初始化，要注意这两种形式不是等价的，字符串常量包含一个终止符（'\0'）。例如：

```
char ch1[3] = {'C', '+', '+'};
char ch2[4] = "C++";        //用字符串常量对字符数组初始化
char ch3[3] = "C++";        //错误!
char ch4[] = {'C', '+', '+', '\0'};
```

字符数组 ch1 中含 3 个元素，而 ch2 中含 4 个元素，它的第 4 个元素 ch2[3]= '\0'。上述代码第 3 行是错误的，因为初值列表中的字符数（4 个）多于数组元素的个数。

一维数组初始化时，可以省略数组大小，这时的元素数等于初值列表中数据项的数目。例如，上面的字符数组 ch4 含有 4 个元素。

必要时，可以通过 sizeof 运算符计算数组元素的个数，如下列表达式将数组 a 所占字节数与每个元素所占字节数相除，结果等于数组元素的个数。

```
sizeof(a) / sizeof(a[0])
```

也可以创建类类型的数组。例如，在前面的 ClassX 类定义基础上，建立含 3 个元素的一维数组 obj1，每个元素都是 ClassX 类型的对象：

```
ClassX obj1[3];    //建立一个ClassX类型的一维数组
```

（2）二维数组的定义如下。

先看下面的语句：

```
int b[2][3] = { {1, 0, 2}, {3, 6, 5} };
```

该语句定义了一个含 2×3=6 个 int 型元素的二维数组 b，其类型为 int [2][3]。

二维数组相当于数学中的矩阵。数组 b 相当于一个 2 行 3 列的矩阵，即

$$b = \begin{bmatrix} b[0][0] & b[0][1] & b[0][2] \\ b[1][0] & b[1][1] & b[1][2] \end{bmatrix}$$

对于已经定义的数组 b，b[i][j]（i=0, 1；j=0, 1, 2）表示位于 i 行、j 列的元素。

数组元素的各维下标都是从 0 开始的。

二维数组初始化时，先初始化第一行的元素，再初始化第二行的元素。上面数组 b 的 6 个元素 b[0][0]、b[0][1]、b[0][2]、b[1][0]、b[1][1]、b[1][2]分别被初始化为 1、0、2、3、6、5。

二维数组初始化时，可以省略第一维大小，但第二维大小不能省略。例如，上面的二维数组可以定义为：

```
int b[][3] = { {1, 0, 2}, {3, 6, 5} };
```

二维数组在内存中是按行存放的，即先放第一行，再放第二行；每行中的元素按下标由小到大的顺序存放。因此二维数组 b 中的元素在内存中的存放顺序是：b[0][0]、 b[0][1]、b[0][2]、b[1][0]、b[1][1]、b[1][2]。

另外，b[0]表示含 3 个元素（b[0][0]、b[0][1]、b[0][2]）的一维数组；b[1]表示含 3 个元素（b[1][0]、b[1][1]、b[1][2]）的一维数组。

也可以创建类数据类型的二维数组。例如，在前面 ClassX 类定义的基础上，建立含 2×3=6 个 ClassX 型元素的二维数组 obj2：

```
ClassX  obj2[2][3]; //建立一个ClassX类型的二维数组
```

对于多维数组，可以采用类似方式得到各元素的表达形式和存放顺序。

2）数组的使用

数组名与一般的变量名不同，数组名相当于常量，对应着数组的起始地址；而数组元素一般是变量，只是没有单独的名字。

使用数组时，不能对数组名进行直接复制和比较。如果想把一个数组复制到另一个数组中去，可以采用复制每个元素的方法，参见例 2-11。

C++没有提供对数组元素下标进行范围检查的手段，而下标越界会产生意想不到的错误结果。

例 **2-11**. 数组举例。

```
//****************************************************
//例2-11. 数组举例
//ex2-11.cpp
//****************************************************
#include <iostream>
using namespace std;
int main()
{
    double da[2] = {0.5, 0.5}; //定义包含两个double型元素的数组da
    double db[2] = {1.5, 1.5}; //定义包含两个double型元素的数组db
    db[0] = da[1];             //将da的第二个元素的值赋给db的第一个元素
    cout << db[0] << endl;     //输出db[0]的值
    return 0;
}
```

运行结果：

```
0.5
```

如果采用标准库中的 vector 实现上述功能，则程序代码如下。

例 **2-12**. 使用标准容器 vector。

```
//****************************************************
//例2-12. 使用标准容器vector
//ex2-12.cpp
//****************************************************
#include <iostream>
```

```
#include <vector>    //使用 vector 时应包含头文件<vector>
using namespace std;
int main()
{
    vector <double> da(2, 0.5); //定义包含两个元素的数组 da，元素初值均为 0.5
    vector <double> db = da;    //用 da 对 db 初始化
    cout << db[0] << endl;      //输出 db 第一个元素的值
    return 0;
}
```

运行结果：

```
0.5
```

采用 C++标准库中的容器 vector（这是一个类模板）可以生成类似数组的对象，但能够进行复制、自动调整大小等。

建立数组时应优先考虑使用 vector，在第 10 章将详细讨论 vector 等容器的功能。

2．指针

定义一个整型变量 a 如下：

```
int a = 102;
```

编译时系统就为变量 a 分配足够的内存区域以存放一个整型值，该区域与名字 a 相对应，然后就用数值 102 对该区域进行初始化。我们知道计算机内存的每个单元都被分配了具体的地址，因此变量名 a 不仅有相应的数值，而且有相应的地址。

虽然可以通过变量名访问相应的内存区域，但有时使用名字不方便，而动态创建的对象根本没有名字，这时就要通过地址来访问内存区域。可以利用指针来存放对象的地址。指针是指能够存放对象地址的对象。一个类型为 T*的指针能够保存类型为 T 的对象的地址。

1）指针的定义

指针的定义格式如下：

```
数据类型* 指针名 = 初始地址；
```

这里的"数据类型"是指针指向的对象的数据类型，可以是基本数据类型，也可以是自定义类型或扩展类型，甚至是 void 空类型。"*"为指针类型修饰符。指针本身也是一个对象，占据一定的内存空间，具有自己的名字、值和地址。不同的是，指针的值是所指对象的地址，因此我们常说某指针"指向"某个变量或对象。

下面通过例子说明指针与被指对象之间的关系。例如：

```
int a = 102;     //定义整型变量 a
int* pa = &a;    //定义指向 a 的指针 pa
```

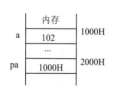

图 2-1　指针 pa 与所指对象 a 的关系

指针 pa 与所指对象 a 的关系如图 2-1 所示。其中，int 型变量 a 的初值为 102，存于地址为 1000H 的内存区域中；int*型指针 pa 的值为 1000H，存于地址为 2000H 的内存区域中。使用时，应分清楚指针本身的值及它所指对象的值。

上面的"&"是取地址运算符，所在语句的含义是用变量 a 的地址对指针 pa 进行初始化。

可以通过指针修改它所指向的对象的值。例如：

```
*pa = 100;     //通过 pa 修改 a 的值
```

结果 a 的值由原来的 102 变成了 100。

语句"*pa=100;"中的"*"是取内容运算符。对于已经定义的指针 pa ,"*pa=100"的含义是将 pa 所指内存中的内容改为 100，这与前面指针定义中的类型修饰符"*"不同。有不少符号（如*、&、圆括号等）在不同情况下具有不同的含义，编译器能够根据上下文判断出它们的确切含义。

也可以定义指向类对象的指针，例如：

```
ClassX  obj;          //建立 ClassX 类型的对象
ClassX* p = &obj;     //定义指向 ClassX 类对象的指针，初始化指向 obj
```

虽然在声明指针时可以不进行初始化，但这样的指针是悬空的，也就是没有指向具体对象，使用时容易出现错误。因此应该养成声明时进行初始化的习惯。

2）指针与数组

数组名对应数组的起始地址，也是数组第一个元素的地址。数组名和指针名经常可以互换使用。

例 2-13. 指针与数组。

```cpp
//********************************************************
//例 2-13. 指针与数组
//ex2-13.cpp
//********************************************************
#include <iostream>
using namespace std;
//------------------------------------------------------
int main()
{
    double d[2] = {0.5, 8.0};   //定义含两个 double 型元素的数组 d
    double* p = d;              //指针 p 指向数组 d
    cout<<d[0]<<", "<<*d<<", "<<*p<<", "<<p[0]<<endl;
                                //输出第一个元素的值
    cout<<d[1]<<", "<<*(d+1)<< ", "<<*(p+1)<<endl; //输出第二个元素的值
    cout<<&d[0]<<", "<<d<<", "<<p<<", "<<&p[0]<<endl;
                                //输出第一个元素的地址
    cout<<*(&d[0])<<", "<<*(&p[0])<<endl;          //输出第一个元素的值
    return 0;
}
```

运行结果：
```
0.5, 0.5, 0.5, 0.5
8, 8, 8
00BAFDC0, 00BAFDC0, 00BAFDC0, 00BAFDC0
0.5, 0.5
```

可以看出，d[0]、p[0]、*d、*p、*(&d[0])、*(&p[0])的输出结果都对应第一个元素的值，后面两项结合使用了取地址运算符和取内容运算符；d[1]、p[1]、*(d+1)、*(p+1)的输出结果都对应第二个元素的值；d、p、&d[0]、&p[0]的输出结果都对应第一个元素的地址。因此，数组元素可以有多种表示方法。

但是，数组和指针是不同的。数组名对应数组所占内存区域的起始地址，该内存区域的地址和容量在数组生命期内是不变的。可以用 sizeof(数组名)算出数组所占内存区域的字节数。而指针一般是变量，可以指向类型匹配的任意对象（不同的内存区域）。我们无法知道指针所指内存区域的大小。如果使用 sizeof(指针名)，那么得到的只是指针本身所占的字节数，而不是指针所指内存区域的字节数；使用 sizeof(*指针名)得到的是指针所指元素的字节数。

也可以定义元素为指针的数组，称为指针数组。在下面的语句中，第二个语句定义了指针数组 p，该数组含两个指针元素，分别指向 double 型变量 f1 和 f2。

```
double f1 = 1.8, f2 = 2.8;          //定义两个 double 型变量
double* p[2] = {&f1, &f2};          //定义指针数组 p
cout<<*p[0]<<", "<<*p[1];           //输出 f1 和 f2 的值
```

3）指向常量的指针与常量型指针

定义指针时，有时用关键字 const 修饰所指对象的数据类型，这时的指针就称为**指向常量的指针**。指向常量的指针可以保存变量或者常量的地址，并且限制指针的访问方式为"只读"，即不能通过指针修改所指对象的值。例如：

```
int v1 = 3;             //定义变量 v1
const int max = 100;    //定义常量 max，注意常量必须初始化！
const int* p1 = &v1;    //定义指向常量的指针 p1，初值为变量的地址
*p1 = 5;                //错误！不能通过指向常量的指针修改所指对象的值
p1 = &max;              //将常量 max 的地址赋给 p1
*p1 = 10;               //错误！不能通过指向常量的指针修改所指对象的值
```

为了保证安全，C++规定常量的地址只能赋给指向常量的指针，而不能赋给指向变量的指针。原因是：如果常量的地址可以赋给指向变量的指针，就意味着可以通过指针修改一个常量的值，而实际上常量的值是不能改变的。

定义指针时，若在指针名前加关键字 const 修饰，则该指针是**常量型指针**。常量型指针必须进行初始化，然后指针的值不能再改变，即指针的指向不变。但如果常量型指针所指的是变量，则可以通过该指针修改所指变量的值。例如：

```
int v1=10, v2=20;       //定义两个变量
const int max = 100;    //定义常量 max，常量必须初始化！
int* const pv1 = &v1;   //定义指向变量的常量型指针 pv1，必须初始化！
```

```
pv1 = &v2;                   //错误！常量型指针的指向一旦初始化不能再改变
*pv1 = v2;                   //正确！通过指针 pv1 将 v2 的值赋给 pv1 所指的对象
int* const pv2 = &max;       //错误！常量的地址只能赋给指向常量的指针
```

定义指针时，若对数据类型和指针名都用了关键字 const 修饰，则这样的指针称为**指向常量的常量型指针**。这意味着定义之后，指针的值和所指对象的值都不能改变。例如：

```
int v1=10, v2=20;            //定义两个变量
const int max = 100;         //定义常量 max，必须初始化！
const int* const pv1 = &v1;  //定义指向常量的常量型指针 pv1，初值为变量的地址
const int* const pv2 = &max; //定义指向常量的常量型指针 pv2，初值为常量的地址
pv1 = &v2;                   //错误！常量型指针的指向一旦初始化不能再改变
*pv1 = v2;                   //错误！不能通过指向常量的指针修改所指对象的值
```

3. 引用

引用可以理解为对象的别名，其声明形式如下：

```
数据类型& 引用名 = 被引用的对象名;
```

"数据类型"是指被引用的对象的数据类型。这里的"&"是引用类型修饰符，与前面提到的取地址运算符含义不同。声明引用时必须进行初始化，初值一般必须是对象名。

就好比一个人除了学名，还可以有小名一样，也可以为对象声明一个别名。例如：

```
int m = 0;
int& n = m;          //n 是 int 型变量 m 的引用
n = n + 5;           //结果 m=5
```

上面的 n 就好比变量 m 的别名，对 n 的操作也就是对 m 的操作，反过来也一样。n 和 m 对应内存中的同一块区域。这块区域（对象）是在定义 m 时建立的，声明引用 n 时不再建立新的对象。

引用一旦被初始化，就不能再指代其他对象。不过一个对象可以有多个引用，就像一个人可以有多个小名一样。例如：

```
int m1=0, m2=5;
int& n1 = m1;        //n1 是 m1 的引用
int& n2 = m1;        //n2 是 m1 的另一个引用
n2 = m2;             //将 m2 的值赋给 n2，此时 m1、n1、n2、m2 的值均为 5
int& n1 = m2;        //错误！n1 不能再引用 m2
```

在引用类型前面加 const 约束，称为常引用。常引用可以用常量或表达式的值进行初始化，而无 const 约束的引用则只能用对象名初始化。例如：

```
double d = 0.5;
const double& v1 = 1.0;      //用常量初始化
const double& v2 = d;        //用对象的值初始化
const double& v3 = d+5.0;    //用表达式的值初始化
```

也可以定义类数据类型对象的引用，例如：

```
ClassX  obj;                 //建立 ClassX 类型的对象
ClassX& newname = obj;       //定义类对象 obj 的引用 newname
```

可以通过一个指针对引用初始化，前提条件是这个指针必须指向一个对象，例如：

```
int a = 1;
int * p = &a;    //p 指向对象 a
int & m = *p;    //m 是 a 的引用
```

当引用无名对象时，这种形式比较有用。

上面的简单语句只是为了解释引用的概念而存在的，并没有体现出引用的真正价值。在面向对象编程中引用的主要功能是传递函数的参数和返回值，其功能与指针类似，但引用比指针更安全、更方便。在后面的函数部分会具体讲解。

下面对引用和指针的区别总结如下：

- 指针用来保存对象的地址，引用相当于对象的别名；
- 声明指针时要分配内存（引用型除外），声明引用时不分配内存；
- 声明引用时必须初始化，声明指针时可以不初始化；
- 指针可作为数组元素，引用不能作为数组元素；
- 可以有指向 void 型的指针，而没有 void 型引用；
- 可以声明指针的引用，而没有指向引用的指针，例如：

```
int m1=0, m2=5;
int* p1 = &m1;         //p1 指向 m1
int* &p2 = p1;         //p2 是指针 p1 的引用，p2 也指向 m1
*p2 = m2;              //将 m2 的值赋给 p2 所指向的对象，即 m1，此时 m1 的值为 5
int& n1 = m1;          //n1 是 m1 的引用
int& *n2 = n1;         //错误！
```

4. 字符串

字符在计算机中以 ASCII 码的形式存放，每个字符占用 1 字节。字符串是指若干有效字符的序列。字符串常量由双引号括起来的字符序列表示，如"x+y=10"。

字符串可以放在一个字符数组中，结束位置用符号 '\0' 表示。定义字符数组时，可以逐个字符初始化，也可以用一个字符串常量初始化。例如：

```
char str1[] = {'x', '+', 'y', '=', '1', '0', '\0'};    //数组含 7 个元素
char str2[] = "x+y=10";                                 //数组含 7 个元素
```

可以通过指向字符的指针管理字符串，例如：

```
char str1[] = {'x', '+', 'y', '=', '1', '0', '\0'};
char* cp = str1;        //cp 保存字符串 str1 的起始地址
```

对字符指针可以用字符串常量初始化，但不能以数组元素形式初始化，因为 cp 只是一个指向 char 型的指针，只能存放一个地址值。例如：

```
char* cp1 = "x+y=10";   //cp1 保存字符串常量的起始地址
char* cp2 = {'x', '+', 'y', '=', '1', '0', '\0'};   //错误！
```

定义字符串时，最好使用标准库中的 string 类，该类封装了字符串的基本特性和各种典型操作，如赋值、连接、比较、查找等。

例 2-14. 使用标准串类 string。

```
//****************************************************
//例 2-14. 使用标准串类 string
//ex2-14.cpp
```

```
//***************************************************
#include <iostream>
#include <string>              //使用 string 类时应包含头文件<string>
using namespace std;
int main()
{
        string str1("x+y="); //建立 string 类型的对象 str1，初始化为"x+y="
        string str2("10");     //建立 string 类型的对象 str2，初始化为"10"
        string str = str1 + str2;  //把两个串连接起来，赋给对象 str
        cout << str << ", size=" << str.size() << endl;
                                        //输出串的内容及串长度 6
        return 0;
}
```

运行结果：

```
    x+y=10, size=6
```

2.2.5　类型转换

在程序编译或者运行时，有时需要将一种数据类型转换成另一种类型。类型转换可分为隐式转换和显式转换两大类。其中隐式转换由编译器自动完成，无须编程者介入。一般在运算、函数参数传递及函数值返回时，如果出现数据类型不一致并可以进行自动类型转换时，就会发生隐式转换。显式转换一般要通过类型转换运算符强制实现类型转换，因此也称为强制转换。

1. 隐式转换

考虑下列语句：

```
    int a = 0;
    a = 3.541 + 3;              //结果 a 的值为 6
```

这里两个操作数的类型不同，3.541 是 double 型的，3 是 int 型的，相加之前要先将类型统一。对于基本数据类型，C++内置有相应的类型转换规则，即低精度类型向高精度类型提升，以防止精度损失。本例中，int 型被提升为 double 型。这种转换由编译器自动完成，因此称为隐式转换。然后进行相加运算，得到 double 型的结果 6.541。下一步是把结果赋给 a。由于赋值运算符左右两边的数据类型不同，如果可能，一般是将右边数值的类型转换成与左边数值的类型一致。本例给出从 double 到 int 的转换，自动按截取而不是舍入进行，因此结果变成 6，赋给 a。从 double 到 int 的转换，是从高精度类型向低精度类型的转换，会引起精度损失，因此多数编译器会给出警告信息。

 注 意

C++可以将某种指针类型（指向非 const 型）自动转换成 void*型，反过来则不行。

例如：

```
    int a=0;
```

```
int* p1 = &a;
int* p2 = &a;
void* pv = p1;          //隐式转换
p2 = pv;                //错误! void*不能隐式转换成 int*
const int* pci = &a;
pv = pci;               //错误! const int* 不能隐式转换成 void*
```

2. 显式转换

可以通过强制类型转换运算符实现类型的显式转换。例如：

```
int a = 1;
double b = 3.1415;
a = (int)b;        //C 语言风格的显式转换格式：将 b 的值转换成 int 型
```

上面第 3 个语句是 C 语言风格的显式转换。早期 C++风格的显式转换格式类似函数形式：

```
a = int(b);        //早期 C++风格的显式转换格式：将 b 的值转换成 int 型
```

上面的显式类型转换不直观，当出现故障时不容易查找和定位。标准 C++使用下面 4 种强制类型转换运算符实现显式转换。这种方式比较直观，当查找故障时容易定位。

（1）static_cast<T>(Expr)：将 Expr 的值强制转换成 T 型数值。主要用于基本数据类型之间、void*与其他类型指针之间的转换，以及类层次结构中基类和子类之间指针或引用类型的转换等。例如：

```
int a=0;
int* p2 = &a;
a = static_cast<int>(3.1415);        //将 double 转换成 int
void* pv = 0;                        //pv 指向 0 地址，即不指向任何对象
p2 = static_cast<int*>(pv);          //将 void*转换成 int*
```

（2）const_cast<T>(Expr)：用于 const 与非 const 之间、volatile 与非 volatile 之间的相互转换。例如：

```
int v1=10;                //定义变量 v1
int* p1 = &v1;            //定义指向变量的指针 p1
//将 p1 的值由 int*转换成 const int*，然后赋给指向常量的指针 p2
const int* p2 = const_cast<const int*>(p1);
//将 p2 的值由 const int*转换成 int*，然后赋给指向变量的指针 p3
int* p3 = const_cast<int*>(p2);
```

（3）dynamic_cast<T>(Expr)：主要用于多态类层次间指针（或引用）类型的转换。

（4）reinterpret_cast<T>(Expr)：将 Expr 值的位模式解释为 T 类型的值。

显式转换给 C++类型系统引入了不安全因素，而且还阻止编译器报告类型错误。因此在编程时要慎重使用显式转换。

特别指出一点，由用户定义的转换构造函数和类型转换函数作为类的成员，可以实现该类的对象与其他数据类型之间的转换。转换构造函数可以将某种类型的对象转换成当前类的类型，而类型转换函数可以将当前类型的对象转换成指定的类型。这些转换称为用户定义的转换。有关内容在第 4、5 章会涉及。

2.2.6　typedef 与 typeid

typedef 可以为某种数据类型声明一个新名字。声明以关键字 typedef 开始，后面是数据类型和标识符，标识符就是原数据类型的新名字。

 注 意 --

这种声明并没有引入一种新的数据类型，只是为现有类型引入一个助记符号。

这样可以简化书写，改善程序的可读性。例如：

```
typedef unsigned char uchar;    //声明用 uchar 表示 unsigned char
uchar c = 'a';                  //c 为 unsigned char 型变量
uchar* pc = &c;                 //pc 为指向 unsigned char 型对象的指针
```

使用运算符 typeid 可以得到一个对象的数据类型。

例 2-15. typedef 及 typeid。

```
//********************************************************
//例 2-15. typedef 及 typeid
//ex2-15.cpp
//********************************************************
#include <iostream>
using namespace std;
//定义类 ClassX
class ClassX          //定义类 ClassX
{
public:
    void SetData(int r1, double r2){ a=r1; b=r2; }
    int a;
    double b;
};
//主函数
int main()
{
    double d = 0.5;
    ClassX  A;                      //建立 ClassX 类型的对象 A
    typedef ClassX* pClassX;        //声明用 pClassX 表示 ClassX*
    pClassX  p = &A;                //p 为 ClassX*型指针，初始化指向 A
    cout<<typeid(A).name()<<endl;   //输出 A 的数据类型
    cout<<typeid(*p).name()<<endl;  //输出 p 所指对象的数据类型
    cout<<typeid(d).name()<<endl;   //输出 d 的数据类型
    return 0;
}
```

运行结果：

```
class ClassX
class ClassX
double
```

2.3 表达式与语句

表达式由运算符和操作数组成，按一定求值规则可以求出表达式的值。其中操作数可以是常量、变量或另一个表达式。

2.3.1 表达式

根据功能，运算符可分为算术运算符、关系运算符、逻辑运算符、位运算符、赋值运算符及特殊运算符。特殊运算符主要有：

- 条件运算符 ?:
- 逗号运算符 ，
- 求字节数运算符 sizeof
- 类型转换运算符（见表 2-5 对应处）
- 取地址和取内容运算符& 、*
- 成员访问运算符 .、->
- 抛出异常运算符 throw

- 改变优先级运算符（）
- 数组下标运算符 [ ]
- 作用域运算符 ::
- 成员指针访问运算符 .*、->*
- 动态内存分配与释放运算符 new、delete
- 类型识别运算符 typeid
- 函数调用运算符（）

根据所需操作数的个数，运算符可分为一元运算符、二元运算符和三元运算符。一元运算符只需要一个操作数，如取负（−）、取地址（&）等；二元运算符需要两个操作数，如减（−）、乘（*）等；三元运算符则需要三个操作数，C++的三元运算符只有一个，即"?:"。

一个表达式可以包含多个运算符，运算顺序由各运算符的优先级和结合性决定。运算时按运算符优先级从高到低的顺序进行。优先级相同时，运算顺序由结合性决定。从左至右结合的运算符，先计算左操作数，再计算右操作数，最后按运算符求值。从右至左结合的运算符，先计算右操作数，再计算左操作数，最后按运算符求值。

一元运算符和赋值（包括复合赋值）运算符是右结合的，其他运算符是左结合的。当同一表达式中的运算符比较多时，应该用圆括号确定运算顺序。

C++运算符的功能和优先级见表 2-5。

表 2-5　C++运算符的功能和优先级

优先级	运 算 符	功 能 说 明
1	（）	确定优先级，如 (2+3)/4
	::	作用域
	[ ]	数组下标
	.，->	成员访问
	++，—	后缀，如 a++
	（）	函数调用，如 f()
	typeid	类型识别
	（），const_cast, dynamic_cast,reinterpret_cast, static_cast,	类型转换

（续表）

优先级	运　算　符	功　能　说　明
2	&, *	取地址，取内容
	!, ~	逻辑非，按位求反
	+, −	取正，取负
	++, ——	前缀，如++a
	sizeof	求字节数
	new, delete	动态内存分配，释放内存
3	.*, ->*	成员指针访问
4	*, /, %	乘，除，求余
5	+, −	加法，减法
6	<<, >>	左移位，右移位
7	<, <=, >, >=	小于，小于或等于，大于，大于或等于
8	==, !=	等于，不等于
9	&	按位与
10	^	按位异或
11	|	按位或
12	&&	逻辑与
13	||	逻辑或
14	?:	条件运算
15	=, +=, −=, *=, /=, %=, &=, ^=, |=, <<=, >>=	赋值，复合赋值
16	throw	抛出异常
17	,	逗号运算

1. 算术运算符与表达式

算术表达式由算术运算符和操作数组成，结果是算术值，值的类型与操作数的类型有关。

基本算术运算符主要包括二元加（+）、一元取正（+）、二元减（−）、一元取负（−）、乘（*）、除（/）、求余（%）等。其中一元运算符的优先级高于二元运算符，乘、除、求余运算符的优先级高于加、减运算符，同级运算自左至右进行。

求余运算符"%"只能用于整型操作数，如表达式(7%5)的值为 2；其他运算符可用于整型和浮点型操作数。"/"是除法运算，当两个整数相除时，结果取商的整数部分，如表达式(19/5)的值为 3，但是表达式(19/5.0)的值为 3.8，两种结果的数据类型不同。

"++"和"——"是两个一元运算符，分前缀运算和后缀运算两种情况。要注意这两个运算符的操作数必须是变量。前缀"++"可以理解为"先增 1 后使用"，后缀"++"可以理解为"先使用后增 1"。而前缀"——"可以理解为"先减 1 后使用"，后缀"——"可以理解为"先使用后减 1"。例如：

```
int a1=1, c1=0;
c1 = ++a1;      //前缀运算
int a2=1, c2=0;
c2 = a2++;      //后缀运算
```

前缀运算相当于"a1=a1+1; c1=a1;"，运算结果 a1 的值为 2，c1 的值为 2。后缀运算相当于"c2=a2; a2=a2+1;"，运算结果 c2 的值为 1，a2 的值为 2。

2．关系运算符与表达式

关系表达式由关系运算符和操作数组成，用来对两个操作数进行比较，结果为 bool 型的值。如果关系为真，则结果为 true；如果关系为假，则结果为 false。

关系运算符包括等于（==），不等于（!=），小于（<），小于或等于（<=），大于（>），大于或等于（>=）。后 4 种的优先级高于前两种。

如果设 a=1, b=2，则表达式 a>b 的值为 false，表达式 a<2 的值为 true。

3．逻辑运算符与表达式

逻辑表达式由逻辑运算符和操作数组成，结果为 bool 型的值。

逻辑运算符包括逻辑或（||）、逻辑与（&&）和逻辑非（!）。"!"是一元运算符，其他两个是二元运算符。"||"的优先级最低，"!"的优先级最高。

"逻辑或"表示两个操作数只要其中一个为真，结果就为 true；"逻辑与"表示当两个操作数都为真时，结果才为 true；"逻辑非"表示取操作数的逻辑相反值，就拿前面的 a=1 来说，表达式 !a 的值为 false，而表达式 !false 的值为 true。

表 2-6 给出了三种逻辑运算的真值表。

表 2-6　三种逻辑运算的真值表

a	b	!a	a && b	a || b
true	true	false	true	true
true	false	false	false	true
false	true	true	false	true
false	false	true	false	false

4．位运算符与表达式

位运算表达式由位运算符和操作数组成，可以对整型数值按二进制位进行操作。

位运算符包括按位或（|），按位异或（^），按位与（&），按位求反（~），左移（<<），右移（>>）。除"~"是一元运算符之外，其他几个是二元运算符。

进行"按位异或"运算时，将两个操作数的对应位进行异或，若对应位不同，则该位的运算结果为 1，若对应位相同，则该位的运算结果为 0。

左移时，将运算符左边的操作数按运算符右边指定的位数向左移位，移出的高位舍弃，低位补 0。右移时，将运算符左边的操作数按运算符右边指定的位数向右移位，移出的低位舍弃，高位补符号位或 0。例如：

```
unsigned int a = 8;          //二进制数为 00001000
unsigned int b = a >> 1;     //b=a 右移 1 位，二进制数为 00000100
unsigned int c = a << 1;     //c=a 左移 1 位，二进制数为 00010000
```

5．赋值运算符与表达式

赋值表达式由赋值运算符与操作数组成，作用是将等号右边表达式的值赋给等号左边的对象，表达式值的类型与左边对象的类型一致。

赋值运算符是二元运算符，包括简单赋值（=），加赋值（+=），减赋值（-=），乘赋值（*=），除赋值（/=），求余赋值（%=），按位与赋值（&=），按位异或赋值（^=），按位或赋值（|=），左移赋值（<<=），右移赋值（>>=）。赋值运算符的结合性自右至左，优先级仅高于逗号运算符。例如：

```
a = b = 5;     //先将 5 赋给 b，则表达式 b=5 的值为 5，接着再将 5 赋给 a
a += 3;        //等价于 a=a+3
```

6．三元条件运算符与表达式

C++中唯一的一个三元运算符是"?:"，具有简单的选择功能，其格式为：

```
a1 ? a2 : a3
```

其中，a1 为 bool 类型变量，a2 和 a3 可以是任何类型变量，表达式的类型取决于 a2 和 a3 中类型精度高的一个。上式的运算过程是，若 a1 为 true，则表达式值为 a2 的值，否则表达式值为 a3 的值。例如：

```
int a=3, b=5, c=0;
c = (a>b) ? a : b;   //求 a 和 b 中较大的值，并将该值赋给 c，结果 c 的值为 5
```

7．逗号运算符与表达式

逗号也是一个运算符，作用是将多个表达式连成一个表达式。计算时从左至右计算每个表达式的值，逗号表达式的值与最后一个表达式的值相同。例如：

```
a = 2*3, a*5;         //表达式相当于(a = 2*3), a*5
```

上述表达式中，逗号前面赋值表达式的值为 6，a*5 的值为 30，则逗号表达式的值为 30。

逗号运算符的优先级最低，使用较少。

8．动态内存分配与释放运算符

在程序运行期间，根据需要动态创建的对象称为堆对象，为堆对象分配内存就称为动态内存分配。利用 new 运算符建立动态对象，并为动态对象分配内存区域；利用 delete 运算符删除动态对象，也就是释放动态对象所占的内存区域。new 和 delete 的一般语法格式为（T 表示数据类型）：

```
T* p1 = new T(初值);       //创建单个对象，使 p1 指向该对象
delete p1;                 //删除 p1 指向的对象
T* p2 = new T[数组长度];    //创建对象数组，使 p2 指向该数组
delete [] p2;              //删除 p2 指向的对象数组，注意不能少[]
```

其中，p1 和 p2 是与堆对象类型匹配的指针。new 运算符按照指定类型的长度分配存储空间，并返回所分配空间的起始地址。"数据类型"可以是基本数据类型、用户自定义类型及扩展类型。当创建单个对象时，可以给该对象赋初值，但不能给动态创建的数组赋初值。

由 new 创建的堆对象没有名字，只能通过地址进行访问，这一点与普通对象不同。

new 和 delete 必须配对使用。动态对象使用完毕，应用 delete 释放内存。例如：

```
int* p1 = new int;         //动态分配一个整型单元，p1 指向该单元
```

```
int* p2 = new int(10);  //动态分配一个整型单元，初值为10，p2指向该单元
int* p3 = new int[10];  //动态分配含10个元素的整型数组，p3指向该数组
delete p1;              //释放p1指向的内存区域
delete p2;              //释放p2指向的内存区域
delete [] p3;           //释放p3指向的内存区域，注意[]的位置
```

2.3.2　语句

程序由语句组成。自然语言中的语句常以句号结束，C++程序中的语句以分号（;）结束。下面是几个简单的语句：

```
;                //空语句
int a = 0;       //定义语句
a++;             //表达式语句
a = a + 2;       //表达式语句
```

将多个简单语句用一对花括号括起来，就构成复合语句。

程序运行时，默认情况下按语句的出现顺序运行，但是利用控制语句可以改变程序的流程。控制语句包括选择语句（if-else、switch）、循环语句（while、do-while、for）及跳转语句（break、continue、goto）。

1. 选择语句

编写程序时，有时需要根据条件选择不同的操作。常用的选择语句包括 if-else 语句和 switch 语句。

if-else 语句有两种形式，即：

```
if (表达式)
    语句
```

或者

```
if (表达式)
    语句1
else
    语句2
```

其中"表达式"的值为 true 或 false，"语句"可以是简单语句，也可以是复合语句。这两种语句的流程如图 2-2 和图 2-3 所示。

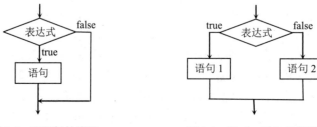

图 2-2　if 语句的流程　　　　图 2-3　if-else 语句的流程

例如，下列语句的功能是：若 x>0，则输出 x 的值并换行；否则执行该语句后面的

语句。

```
if (x>0)  cout << x << endl;
```

再如，下列语句的功能是：输出 x 与 y 中较大的一个，与"cout<<(x>y?x:y)<<endl;"的功能等价。

```
if (x>y)  cout << x << endl;
else    cout << y << endl;
```

又如，想通过键盘输入一个年份，并判断其是否是闰年。我们知道，闰年的年份能被 400 整除，或者能被 4 整除而不能被 100 整除。也就是判断表达式（year % 400）||（year % 4 = = 0 && year % 100！= 0）的值是否为 true，若是 true，则为闰年，否则不是闰年。完整的程序代码如下。

例 2-16. 判断输入的年份是否为闰年。

```
//*****************************************************
//例 2-16. 判断输入的年份是否为闰年
//ex2-16.cpp
//*****************************************************
#include <iostream>
using namespace std;
int main()
{
    int year=0;
    bool IsLeapYear = true;   //标记是否为闰年
    cout << "Enter the year: ";
    cin >> year;              //从键盘输入年份
    IsLeapYear =
    (( year % 400 == 0 ) || ( year % 4 == 0 && year % 100 != 0 ));
    if (IsLeapYear)           //如果 IsLeapYear 为 true
        cout << year << " is a leap year. " << endl;
    else
        cout << year << " is not a leap year. " << endl;
    return 0;
}
```

若从键盘输入"2008"，则输出"2008 is a leap year."；若从键盘输入"2007"，则输出"2007 is not a leap year."。

if-else 语句可以嵌套使用，但要注意 if 与 else 的配对关系。else 总是与它接近的 if 配对。if-else 语句嵌套使用可以实现多路分支，但比较烦琐，而用 switch 语句实现多路分支就简单多了。switch 语句的语法格式为：

```
switch (表达式)
{
    case 常量表达式1: 语句1; break;
    case 常量表达式2: 语句2; break;
    ...
    case 常量表达式n: 语句n; break;
    default: 语句n+1;
}
```

其中"表达式"的类型可以是整型、字符型或枚举型。"常量表达式"具有指定值，与"表达式"类型相同。case 和 default 只起语句标号作用，default 标号的语句为可选项。

运行时，首先计算"表达式"的值，然后将这个值与 case 后"常量表达式"的值依次做比较。若"表达式"的值与"常量表达式 *n*"的值相等，则执行"语句 *n*"及其后面的语句（假设没有使用 break 语句）。若没有与"表达式"值相等的 case 常量，则执行"语句 *n*+1"。若希望程序执行"语句 *n*"后能够跳出 switch 程序块，从而转向执行 switch 块外的语句，则应使用 break 语句。

2. 循环语句

可使用三种循环语句：while 循环、do-while 循环和 for 循环。

while 语句的形式为：

```
while (表达式)
    循环体
```

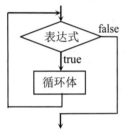

图 2-4 while 语句的流程

while 语句的流程如图 2-4 所示。当"表达式"的值为 true 时，重复执行"循环体"中的语句。如果"表达式"的值一开始为 false，则循环体一次也不执行。

运行例 2-17 中的菜单程序。首先将退出标记设置为 false，进入循环后，屏幕上显示"Select a, b, c or q:"，当从键盘输入字符 a、b 或 c 时，屏幕上会出现相应的显示，程序跳出 switch，并进入下一次循环。若输入的是 q，则显示"quitting menu"，更改循环条件，程序跳出 switch。若输入的是其他字符，则显示"Please use a,b,c or q!"，进入下一次循环。

例 2-17. while 语句与 switch 语句应用举例。

```cpp
//********************************************************
//例 2-17. while 语句与 switch 语句应用举例
//ex2-17.cpp
//********************************************************
#include <iostream>
using namespace std;
int main()
{
    bool quit = false;   //Flag for quitting
    while(!quit)         //如果 quit 为 false
    {
        cout << "Select a, b, c or q: ";
        char response;
        cin >> response;
        switch(response)
        {
            case 'a' : cout << "You chose 'a'." << endl; break;
            case 'b' : cout << "You chose 'b'." << endl; break;
            case 'c' : cout << "You chose 'c'." << endl; break;
```

```
        case 'q' : cout << "Quitting menu." << endl;
                quit = true;
                break;
            default : cout << "Please use a,b,c or q!" << endl;
        } //end switch
    } //end while
    return 0;
} //end main
```

运行结果：

```
Select a, b, c or q: a↵（从键盘输入 a）
You chose 'a'.
Select a, b, c or q: s↵（从键盘输入 s）
Please use a,b,c or q!
Select a, b, c or q: b↵（从键盘输入 b）
You chose 'b'.
Select a, b, c or q: q↵（从键盘输入 q）
Quitting menu.
```

do-while 语句是 while 语句的变形。区别在于 while 语句把循环条件判断放在循环体执行之前，而 do-while 语句把循环条件判断放在循环体执行之后。do-while 语句的形式为：

```
do
    循环体
while (表达式);      //注意分号不能少！
```

do-while 语句的流程如图 2-5 所示。重复执行“循环体”中的语句，直到“表达式”为 false 为止。从 do-while 语句的流程可以看出，不管循环条件是否成立，都要至少执行一次循环体。

请读者自己将例 2-17 改为 do-while 的形式。

for 语句的一般形式为：

```
for (表达式 1；表达式 2；表达式 3)
    循环体
```

for 语句的流程如图 2-6 所示。其中“表达式 1”对循环控制变量进行初始化，仅在进入循环之前执行一次，不是循环体的执行部分；“表达式 2”控制循环的进行，当值为 true 时，执行循环；“表达式 3”通常用于修改循环控制变量。for 后面的“表达式 1”“表达式 2”“表达式 3”有时可以放在 for 语句内的其他地方，但两个分号不能省略。

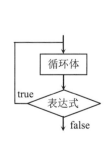

图 2-5　do-while 语句的流程

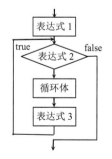

图 2-6　for 语句的流程

例如，求 1～100 整数中的所有偶数之和，用 for 语句实现。

例 2-18. for 语句应用举例。

```
//*******************************************************
//例 2-18. for 语句应用举例
//ex2-18.cpp
//*******************************************************
#include <iostream>
using namespace std;
int main()
{
    int s=0; //存放求和的结果
    int i=0; //循环控制变量
    for (i=1; i <=100; i++)
    {
        if (i%2 == 0)  s+=i;
    }
    cout << s << endl;
    return 0;
}
```

运行结果：

```
2550
```

3. 跳转语句

跳转语句包括 break 语句、continue 语句和 goto 语句。由于 goto 语句存在较大的安全隐患，建议尽量不用。break 语句可用于 switch 和循环结构中，作用是退出 switch 或循环体。continue 语句一般只能用于循环结构中，作用是结束本次循环，进入下一次循环。

在例 2-19 中，第一个 for 循环输出了 1～10 之间的所有偶数，而第二个 for 循环输出了 1～10 之间的第一个偶数。

例 2-19. 跳转语句举例。

```
//*******************************************************
//例 2-19. 跳转语句举例
//ex2-19.cpp
//*******************************************************
#include <iostream>
using namespace std;
int main()
{
    int i=0; //循环控制变量
    for (i=10; i <=20; i++)
    {
        if (i%2 != 0) continue;//如果 i 为奇数，则结束本次循环，进入下一次循环
        cout << i << " ";       //如果 i 为偶数，则输出 i
    }
```

```
            cout << endl;
            for (i=10; i <=20; i++)
            {
                if (i%2 != 0)  break;     //如果 i 为奇数, 则跳出循环
                cout << i << ", ";        //如果 i 为偶数, 则输出 i
            }
            cout << endl;
            return 0;
        }
```

运行结果:

```
    10, 12, 14, 16, 18, 20
    10
```

4. 判断表达式的使用

在程序中, 经常要根据一个表达式的值决定程序流程的方向。例如, 当表达式的值为 true 时, 执行某个语句, 否则执行另一个语句。在 C++中, 当一个表达式的值为非 0 时, 被视为 true; 只有当表达式的值等于 0 时, 才被视为 false。

利用表达式的灵活性, 可以编写出高效、简洁的代码。

如果表达式 expression 的值为布尔型、整型、指针值等, 当与 0 比较时, 都可以采用下列简化表达方式:

```
    expression              相当于 expression != 0
    !expression             相当于 expression == 0
```

例如:

```
    if(a-b)                 相当于 if((a-b) != 0)
    while(p && !q)          相当于 while(p != 0 && q == 0)
```

注意

实数在计算和存储时会有微小的误差, 因此一般不能用 "=="或 "!=" 进行判断, 应设法转化为 ">=" 和 "<=" 的形式。

假设 x 为浮点型变量, 则它与零值比较的 if 形式为:

```
    if ((x >= -ε) && (x <= ε))      //ε为一个很小的正数
```

在做习题 2 中的第 2 题时要注意这一点。

2.4　预处理命令

预处理命令以字符 "#" 开头, 它不是程序的语句, 后面不带分号。使用预处理命令的目的是改善程序的组织和管理。预处理命令可以根据需要出现在程序的任何位置。

预处理器通常与编译器捆绑在一起, 但预处理操作是在程序正式编译之前进行的。预处理后的中间文件, 提供给编译器进行语法分析, 并生成目标文件。最后由连接器连接各目标文件, 生成可执行文件。

下面介绍常用的宏定义命令、文件包含命令和条件编译命令。

2.4.1 宏定义命令

最简单的宏定义命令是用一个标识符代替另一种符号表示，例如，下面的命令定义了宏 PI，那么之后的程序源码就可以用 PI 代替 3.14159，以简化书写。在程序预处理阶段，将程序中所有的 PI 恢复成 3.14159。

```
#define PI 3.14159
```

上面 PI 表示所定义的宏的名字。C 语言中常用这种方式定义宏常量，或者用带参数的宏来描述简单的函数，例如：

```
#define f(x) 2*x    //定义宏 f(x)，预处理时将程序中的 f(x)展开成 2*x
```

由于宏定义只是符号的简单替换，在编译之前执行，所以不能进行语法检查，存在安全隐患。在 C++中，用 const 定义常量、用 inline 定义内嵌函数，它们完全可以代替"#define"的这两项作用，而且是安全的。

#undef 与#define 配合使用，作用是取消宏定义的命令。

```
#undef PI            //取消宏名 PI
```

宏的寿命开始于定义时，终止于取消时。

2.4.2 文件包含命令

文件包含命令即"#include"命令，在前面已多次用到，其作用是在编译之前把指定文件的内容嵌入该命令所在的位置。文件包含命令一般放在程序的开头，例如：

```
#include <iostream>
#include "myhead.h"
```

其中，include 为关键字，尖括号或引号中的文件名是被包含文件的全名，可以给出盘符和目录路径。上面第一种形式，一般用于 C++系统提供的头文件，这些文件存放在 C++系统目录下的 include 子目录下。第二种形式，一般存放于程序员自己建立的头文件或其他源文件中。

2.4.3 条件编译命令

条件编译命令用来限制某些内容要在满足一定条件时才参与编译，否则不参与编译。这样可以使同一个源程序在不同的编译条件下产生不同的目标代码。条件编译命令的结构与 if 选择结构非常相似，下面是三种常用的形式。

形式一：若"标识符"被定义过，则编译程序段 1；否则编译程序段 2，或者直接执行"#endif"后面的程序。

```
#ifdef 标识符
    程序段 1
#else
    程序段 2
```

```
        #endif
```
或者
```
        #ifdef 标识符
            程序段 1
        #endif
```
　　形式二：若"标识符"未被定义过，则编译程序段 1；否则编译程序段 2，或者直接执行"#endif"后面的程序。
```
        #ifndef 标识符
            程序段 1
        #else
            程序段 2
        #endif
```
或者
```
        #ifndef 标识符
            程序段 1
        #endif
```
　　形式三：若常量表达式 i（$i=1,...,n$）的值为 true，则编译程序段 i；若所有表达式都为 false，则编译程序段 $n+1$。
```
        #if 常量表达式 1
            程序段 1
        #elif 常量表达式 2
            程序段 2
            ...
        #elif 常量表达式 n
            程序段 n
        #else
            程序段 n+1
        #endif
```
　　由于头文件中主要含有对函数原型、类型、全局量等的声明，可供多次包含使用。当头文件在某个文件中被多次包含时，就存在代码重复，甚至出现标识符重复定义的问题。例如，下面的程序由两个头文件和两个.cpp 文件组成。在头文件 head1.h 中包含一个函数声明和一个全局变量定义：
```
        //head1.h                    //头文件名
        int addint(int a, int b);    //函数声明
        double d = 0.8;              //全局变量定义
```
　　在另一个头文件 head2.h 中包含了头文件 head1.h，同时对另一个函数进行声明：
```
        //head2.h                              //头文件名
        #include "head1.h"
        double adddouble(double a, double b);   //函数声明
```
　　在下面的.cpp 文件中对两个函数进行了定义，也就是给出了函数的实现部分：
```
        //functions.cpp
        #include "head2.h"
```

```
    int addint(int a, int b){ return a+b; }                    //函数定义
    double adddouble(double a, double b) { return a+b; }   //函数定义
```

下面的代码包含主函数，其中调用了两个加法函数。

```
//myfile.cpp
#include "head1.h"
#include "head2.h"
int main()
{
    addint(2, 3);
    adddouble(2.5, 3.5);
    return 0;
}
```

在对文件 myfile.cpp 进行预处理时，就会把 head1.h 中的代码嵌入两次，也就是对函数 addint()声明两次，对 d 定义两次。在编译时，就会出现重复定义变量 d 的错误。虽然函数声明两次不会出现语法错误，但是程序中增加了不必要的代码。

为了解决上述问题，在编写头文件时经常将条件编译命令和宏定义命令配合使用，以避免多次包含某个头文件，这样做在多文件程序中非常必要。我们把头文件 head1.h 改为：

```
//head1.h                 //头文件名
#ifndef  HEAD1_H          //若未定义标识符 HEAD1_H
    #define  HEAD1_H      //则定义 HEAD1_H，并编译下面的程序段
int addint(int a, int b);  //函数声明
double d = 0.8;            //全局变量定义
#endif  //HEAD1_H
```

那么在第二次遇到 #include "head1.h"时，由于设置了标志 HEAD1_H，预处理器将不再重复嵌入 head1.h 的代码。这样多次包含的问题就解决了。

在定义头文件时，都应该加上这种防止多次包含的预处理命令。

🔴 2.5 名字空间

虽然标识符（名字）可以使其具有函数域、类域，另外可以通过 static 关键字使函数和对象具有文件域，但全局性的对象名、函数名及类名（含模板）还在同一个全局名字空间中。一个大型软件往往由多人完成，一旦对全局性的名字缺乏控制，就会出现名字冲突。

为了解决名字冲突问题，人们想出了很多方法。例如，将名字写得长一些，把名字起得特殊一些，或用特定的字符做前缀等，这样做的结果是降低了程序的可读性。

名字空间（namespace）是 C++的新特性之一。可以把来自不同程序员的全局性标识符归属不同的名字空间，从而解决程序开发中常见的同名冲突问题。

2.5.1　名字空间声明

下面的代码声明对象 d、函数 Print 和类 X 属于名字空间 calculator，其中 namespace 是关键字，calculator 是名字空间的名字。

```
namespace calculator
{
    double d = 0.5;
    void Print(double x){ cout << x << endl; }
    class X { };   //此处分号不能少！
}  //此处可以没有分号
```

 注意

类声明或定义后面必须带 ";"，而名字空间声明后面可以不带。

名字空间的成员可以是对象、函数、类、其他名字空间等。成员函数的定义体可以放在花括号的外面，即上面的声明可以写为：

```
namespace calculator
{
    double d = 0.5;
    void Print(double x);   //函数声明
    class X { };   //此处分号不能少！
}  //此处可以没有分号
void calculator::Print(double x){ cout << x << endl; }   //函数定义
```

其中 "::" 是作用域运算符，表示函数 Print 属于 calculator。

可以为名字空间指定另一个名字。当开发商提供的名字很长时，这样做可以起到简化作用。例如：

```
namespace cal = calculator;   //cal 是 calculator 的别名
```

 注意

只能在全局范围或者在另一个名字空间中声明名字空间。在同一个编译单元中声明的同名名字空间，属于同一个名字空间。

我们可以创建一个类对象，但不能创建一个名字空间对象，因为名字空间不是数据类型。

2.5.2　使用名字空间

访问名字空间的成员时，应该指明该成员属于哪个名字空间，否则编译器找不到成员的定义代码。一般有三种方法：第一种方法是用作用域运算符，第二种方法是用 using 声明，第三种方法是用 using 指令。

1. 用作用域运算符

在例 2-20 中，调用函数 Print()输出变量 d 的值，其中 Print 和 d 都是名字空间 calculator 的成员。

例 2-20. 名字空间举例。

```cpp
//****************************************************
//例 2-20. 名字空间举例
//ex2-20.cpp
//****************************************************
#include <iostream>
using namespace std;
//名字空间定义
namespace calculator
{
    double d = 0.5;
    void Print(double x){ cout << x << endl; }
}
//主函数
int main()
{
    //注意"calculator::"说明了 Print 和 d 的作用域
    calculator::Print(calculator::d);
    return 0;
}
```

运行结果：

```
0.5
```

可以看出，在使用名字空间 calculator 的成员时，需要在成员名字前面加上"calculator::"进行限制。当多次使用成员时，这种方法就显得不太方便。

2. 用 using 声明

using 声明的作用是，将名字空间的某个成员引入当前作用域。using 声明以关键字 using 开头，后面是带名字空间限制的某个成员的名字。例如：

```cpp
using calculator::d;              //using 声明
```

将前面例子中的主函数改写为：

```cpp
int main()
{
    {
        using calculator::d;      //using 声明
        calculator::Print(d);     //正确。在此作用域内可直接使用 d
    }
    calculator::Print(d);         //错误！这里不可以直接使用 d
```

```
    return 0;
}
```

3. 用 using 指令

using 指令将名字空间的所有成员引入当前作用域。using 指令以关键字 using 开头，接着是关键字 namespace，然后是名字空间的名字。例如：

```
using namespace calculator;    //using 指令
```

将前面例子中的主函数改写为：

```
int main()
{
    {
        using namespace calculator;//using 指令
        Print(d);    //正确。在此作用域内可直接使用 Print 和 d
    }
    Print(d);        //错误! 这里不可以直接使用 Print 和 d
    calculator::Print(calculator::d);  //正确
    return 0;
}
```

2.5.3　标准名字空间 std

前面我们多次用到 std。std 是标准 C++预定义的名字空间，其中包含了对标准库中对象、函数、类等所有标识符的定义。例如，在标准头文件<iostream>中，cout 是定义在名字空间 std 中的 ostream 类对象，一般指屏幕。当需要向屏幕输出时，首先要包含头文件<iostream>，同时要用"std::"进行限制，表明我们使用的是名字空间 std 的 cout，而不是其他 cout。形式如下：

```
#include <iostream>
int main()
{
    std::cout << "OK!";
    return 0;
}
```

当然，也可以在 main()外利用 using 指令"using namespace std;"，使 std 中的所有标识符都可以直接使用。前面的大部分例子中都用到了该语句。上面的代码可改为：

```
#include <iostream>
using namespace std;    //打开名字空间 std, 使其中的名字可以直接使用
int main()
{
    cout << "OK!";
    return 0;
}
```

虽然这样一条全局性的 using 指令给我们编写实现文件（.cpp 文件）带来了方便，但是这种使用名字空间的方法一般不能用在头文件中。如果在头文件使用了 using 指令，就意味着任何包含该头文件的文件都会打开名字空间，也就失去了利用名字空间应对可能存在的名字冲突的作用。

2.6 小结

程序的主要功能是描述数据和处理数据。

数据具有类型，类型决定了数据的存储方式和对数据的操作方式。C++中的数据类型包括基本数据类型、自定义数据类型和扩展数据类型，其中类是编写基于对象和面向对象程序的基础。

运算符表示了系统提供的对基本数据的操作。各种运算符具有不同的功能、优先级和结合性。表达式由运算符和操作数组成，其中操作数可以是常量、变量或另一个表达式。C++中的语句按功能可以分为声明语句（如函数原型声明）、操作语句（如表达式语句或输入/输出语句）和控制语句（如循环语句）。程序主要由语句构成。

预处理命令以字符"#"开头，它不是程序的语句，使用的目的是改善程序的组织和管理。常用的预处理命令有宏定义命令、文件包含命令和条件编译命令。

可以把来自不同程序员的全局性标识符归属不同的名字空间，从而解决程序开发中常见的同名冲突问题。std 是标准 C++预定义的名字空间，其中包含了对标准库中对象、函数、类等所有标识符的定义。

习　题　2

1．从键盘上输入三个数，求这三个数之中的最小者（使用 if 语句）。

2．求一元二次方程 $ax^2 + bx + c = 0$ 的根。提示：求开方和绝对值要用到标准库 <cmath>中的数学函数。另外，求根时要考虑四种情况：（1）$a = 0$ 时，有一个根；（2）$b^2 - 4ac = 0$ 时，有两个相同的实根；（3）$b^2 - 4ac > 0$ 时，有两个不等实根；（4）$b^2 - 4ac < 0$ 时，有两个共轭复根。

3．分别用 while 语句、do-while 语句、for 语句编写求自然数 1～10 之和的程序。

4．从键盘输入两个非零实数和一个运算符（+、-、*或 /），在屏幕上显示运算结果（使用 switch 语句）。

5．写出下面程序的运行结果，并对结果进行解释。如果将程序中的语句"int &ra=a;"改为"int &ra; ra=a;"是否可以？为什么？

```
#include <iostream>
using namespace std;
int main()
{
```

```
int a(8);
int& ra = a;
cout << (ra == a) << "; ";
cout << (&ra == &a) << "; ";
cout << (sizeof(ra) == sizeof(a)) << endl;
return 0;
}
```

6. 编写程序，定义形如 2.2.3 节中的类 ClassX，分别利用 new 创建单个的动态对象及对象数组，然后向屏幕输出"对象创建完毕！"，再利用 delete 从内存中删除动态对象及对象数组。

7. 阅读下面两个程序，写出运行结果，并进行验证。

程序一：

```
#include <iostream>
using namespace std;
int a = 0;
int main()
{
    int b = 2;
    cout << a << "; " << b << "; ";
    {
        int b = 0;
        static int a = 5;
        cout << a << "; ";
        a = 10;
        b = 10;
        cout << a << "; ";
    }
    cout << a << "; " << b << endl;
    return 0;
}
```

程序二：

```
#include <iostream>
using namespace std;
int a[] = {9,7,5,3,1};
int main()
{
    int* p = &a[2];
    int d(6), b(0);
    for(int i=-2; i<=2; i++)
        b += (*(p+i)>d)? *(p+i):d;
    cout << b << endl;
    return 0;
}
```

第3章

函　数

内容提要

　　本章主要介绍函数的定义与声明、如何调用函数、函数的参数传递及返回类型、inline 函数、函数重载、带默认形参值的函数定义与使用等。

3.1　函数的定义与声明

　　函数和类是组成面向对象程序的两种独立模块。其中函数和类可以来自标准库或其他库，也可以由用户自己定义。

　　通常将相对独立的、经常使用的功能抽象为函数。函数编写好后，可以重复使用。使用时只需关心函数的功能和使用方法，而不必关心函数功能是如何实现的。

　　函数定义规定了函数的名字、返回类型、参数列表（包括参数个数、类型、顺序）及函数体部分。下面是函数 add() 的定义形式，完成的功能是求两个实数的和。函数 add() 带有两个 double 型的形式参数（形参），返回 double 型的值。

```
double add(double x, double y)
{
    return (x + y);
}
```

　　在上述函数定义中，第一个关键字 double 表示函数的返回值类型，若函数没有返回值，则用空类型 void 表示。接着是函数的名字，即 add。圆括号内是形参列表，也称为参数列表，各参数之间用逗号分开。函数也可以不带参数，称为无参函数，这种函数不依赖外部数据而执行独立的操作。花括号内的语句构成函数体，完成一定的功能。下面定义的函数 printwelcome()，就是一个无返回值的无参函数。

```
void printwelcome()
{
    cout << "Welcome to C++! " << endl;
}
```

　　函数声明就是对函数的名字、返回类型、参数列表进行说明，也就是对函数原型进行说明，目的是让编译器根据函数原型检查函数调用的正确性。函数返回类型、函数的名字和函数参数列表构成函数的对外接口。

如果函数调用在函数定义之前，那么在调用前必须进行声明。如果函数调用在函数定义之后，可以不做声明。

下面是对函数 add() 的声明。声明中两个形参的名字 x 和 y 可以省略，因为编译器不关心参数的名字，但保留参数名字能够增强程序的可读性。

```
double add(double x, double y);
```

需要注意一点，下面是函数 func() 的定义，而不是声明，因为花括号代表函数体部分，只不过其中不含代码。

```
int func(int a1, int a2) { };
```

3.2　函数调用

3.2.1　如何调用函数

任何应用程序都包含且只包含一个主函数 main()，该函数是程序的入口，可以带有参数和返回值，其参数也称为命令行参数。main() 由操作系统启动，其返回值传递给操作系统。main() 可以调用其他自定义函数或库函数，这些函数之间可以互相调用，但不能调用 main()。

函数调用时，要指定函数名并提供实际参数（实参）信息。函数名对应函数的入口地址，实参提供执行任务所需的信息。实参与形参的个数、类型、位置必须一致。下面的例子演示如何调用函数 add() 和 printwelcome()。

例 3-1. 函数调用。

```
//********************************************************
//例 3-1. 函数调用
//ex3-1.cpp
//********************************************************
#include <iostream>
using namespace std;
//函数定义
double add(double x, double y) { return ( x + y ); }
void printwelcome() { cout << "Welcome to C++! " << endl; }
//主函数
int main()
{
    double a=2.5, b=3.5;      //定义两个 double 型变量
    cout << add(5.0, b) << endl;     //调用函数 add()，求实参 5.0 与 b 值之和
    double result = add(a,b);//调用函数 add() 求实参 a 与 b 之和，结果赋给 result
                             //result 的类型应与函数返回的类型匹配
    printwelcome();              //调用函数 printwelcome()
    return 0;
}
```

运行结果：

```
8.5
Welcome to C++!
```

函数的参数传递与信息返回是函数与外部通信的接口。

3.2.2　参数传递方式

函数调用进行参数传递时，C++有三种参数传递方式。

第一种方式是将实参的值复制给形参，我们称这种方式为值传递。值传递方式的函数被调用时，系统建立临时形参对象，为形参分配临时存储空间，并将实参值传给形参；函数执行完毕，系统删除临时形参对象。这时函数内部改变形参的值不会影响实参。

第二种方式是指针传递，即通过指针将实参的地址传给形参，这时在函数内部可以通过这个地址访问实参，这意味着改变形参的值将会影响到实参。

第三种方式是引用传递，即形参引用实参对象，这时函数内改变形参的值也就是改变实参的值。

1．值传递

在值传递方法下，系统将实参值作为初值，对形参进行初始化。被调函数体内对形参的操作与外部实参无关。在例 3-2 中，调用函数 swap()时，实参 a 的值 5 传给形参 x，实参 b 的值 9 传给形参 y，这时相当于执行了语句“int x=a;”和“int y=b;”。函数 swap()内部 x 与 y 的值进行了交换，但不影响外部变量 a 与 b 的值。

例 3-2. 参数值传递举例。

```cpp
//***************************************************
//例 3-2．参数值传递举例
//ex3-2.cpp
//***************************************************
#include <iostream>
using namespace std;
//函数定义
void swap(int x, int y)
{
    int temp = x;
    x = y;
    y = temp;
    cout << "x=" << x << ", " << "y=" << y << endl;
}
//主函数
int main()
{
    int a(5), b(9);
    swap(a, b);        //函数调用，传递 a 和 b 的值
```

```
        cout << "a=" << a << ", " << "b=" << b << endl;
        return 0;
    }
```
运行结果：
```
    x=9, y=5
    a=5, b=9
```

对于参数传递为值传递的情况，调用函数时会产生局部参数对象，如上例中会产生
int 型的 x 和 y 两个局部对象。实参值按参数列表从左向右的顺序传给形参，而建立局部
参数对象的顺序是从右向左，即先建立 y、后建立 x。函数调用结束时将删除这些局部参
数对象，删除顺序与建立的顺序相反。当函数参数为类类型时，关于这一点我们将看得更
加清楚，具体见第 4 章。

2. 指针传递

当函数参数为指针类型时，系统将实参对象的地址传递给形参指针。这时，在被调函
数内可以通过形参指针间接访问实参。在例 3-3 中，调用函数 swap() 时，实参 a 的地址传给
了形参指针 p，实参 b 的地址传了形参指针 q，这时相当于执行了语句 "int* p=&a;" 和
"int* q=&b;"。函数 swap() 内部通过指针 p 与指针 q 对外部变量 a 与 b 的值进行了交换。

这时需要为指针变量 p 和 q 另外开辟存储空间，其内容是地址。

例 3-3. 指针参数传递举例。
```
//****************************************************
//例 3-3. 指针参数传递举例
//ex3-3.cpp
//****************************************************
#include <iostream>
using namespace std;
//函数定义
void swap(int* p, int* q)
{
    int temp = *p;         //将 p 指向的内容暂存于 temp 中
    *p = *q;
    *q = temp;
    cout << "*p=" << *p << ", " << "*q=" << *q << endl;
}
//主函数
int main()
{
    int a(5), b(9);
    swap(&a, &b);          //函数调用，传递 a 和 b 的地址
    cout << "a=" << a << ", " << "b=" << b << endl;
```

```
        return 0;
    }
```

运行结果：

```
    *p=9, *q=5
    a=9, b=5
```

上面的例子在调用函数 swap()时修改了 a 和 b 的值。如果被调函数只使用实参的值，而不改变实参，那么在函数定义时可以在形参指针类型前面加关键字 const 进行约束。若将 const 对象的地址传给形参指针，则形参类型必须用 const 约束。

3. 引用传递

当函数参数为引用类型时，参数传递时，形参引用实参对象。可以这样理解：在引用传递方式下，系统将实参对象的名字传递给形参引用。这时不需要为形参开辟新的存储空间，因为形参名作为引用绑定于实参对象。这时，在被调函数内对形参的操作，就是对实参的操作。函数调用结束后，撤销引用绑定。在例 3-4 中，调用函数 swap()时，采用的就是引用参数传递方式，这时相当于执行了语句 "int& x=a;" 和 "int& y=b;"。

 注 意

这时不需要为 x 和 y 另外开辟存储空间。

函数 swap()内部对 x 和 y 的操作，实际上就是对外部变量 a 与 b 的操作。

例 3-4. 引用参数传递举例。

```cpp
//****************************************************
//例 3-4. 引用参数传递举例
//ex3-4.cpp
//****************************************************
#include <iostream>
using namespace std;
//函数定义
void swap(int& x, int& y)
{
    int temp = x;
    x = y;
    y = temp;
    cout << "x=" << x << ", " << "y=" << y << endl;
}
//主函数
int main()
{
    int a(5), b(9);
    swap(a, b);              //函数调用，引用参数传递
    cout << "a=" << a << ", " << "b=" << b << endl;
    return 0;
}
```

运行结果：

```
x=9, y=5
a=9, b=5
```

同理，如果被调函数只使用实参的值，而不改变实参，那么在函数定义时可以在形参引用类型前面加关键字 const 进行约束。若将常量或表达式的值传给形参引用，则形参类型必须用 const 约束。如果实参是一个数值，这时进行参数传递时，将产生一个匿名的临时对象保存实参的值。被调函数运行结束后，临时对象被删除。运行例 3-5，可以证明临时对象的存在。

例 3-5. 常引用参数传递举例。

```cpp
//****************************************************
//例 3-5. 常引用参数传递举例
//ex3-5.cpp
//****************************************************
#include <iostream>
using namespace std;
//函数定义
void fun1(int& x) { cout << &x << ". " << "fun1 end." << endl; }
//输出 x 引用的地址
void fun2(const int& x) { cout << &x << ". " << "fun2 end." << endl; }
//主函数
int main()
{
    const int a = 2;
    int b = a;
    cout << &a << endl;         //输出 a 的地址
    cout << &b << endl;         //输出 b 的地址
    fun1(b);                    //调用 fun1()
    //fun1(3);                  //参数类型不匹配
    //fun1(a+5);                //参数类型不匹配
    fun2(a);
    fun2(3);
    fun2(a+5);
    return 0;
}
```

运行结果：

```
006FFB4C                //a 的地址
006FFB40                //b 的地址
006FFB40. fun1 end.     //b 的地址（fun1()的形参引用 b，无新对象建立）
006FFB4C. fun2 end.     //a 的地址（fun2()的形参引用 a，无新对象建立）
006FFA74. fun2 end.     //参数传递时临时对象的地址
006FFA68. fun2 end.     //参数传递时临时对象的地址
```

在上面的例子中，fun1()的参数类型为 int&，可以引用 int 型的对象，fun2()的参数类型为 const int&，可以引用数值、int 或 const int 型的对象。从运行结果可以看出，当传递的实参是数值时，执行 fun2()时，传递参数的过程会有匿名的临时对象产生。

3.2.3　函数信息返回方式

函数的运行结果可以通过语句"return (表达式);"返回。表达式的类型应与函数原型规定的返回类型相适应。当函数返回类型为 void 时，return 语句不带表达式，或者不使用 return 语句。

1．值返回

如果函数返回一个值，当执行 return 语句时，先计算表达式的值，然后把该值赋给系统生成的匿名临时对象，通过该对象把数值带回函数的调用点。例 3-6 中，调用函数 add()时，a 和 b 的值传给形参 x 和 y，表达式(x+y)的值为 7.8；系统产生的匿名对象把 7.8 带回函数的调用点。

例 **3-6**．函数返回一个值。

```
//**************************************************
//例 3-6．函数返回一个值
//ex3-6.cpp
//**************************************************
#include <iostream>
using namespace std;
//函数定义
double add(double x, double y) { return (x+y); }
//主函数
int main()
{
    double a=2.2, b=5.6;
    cout << add(a, b) << endl;    //输出为 7
    return 0;
}
```

运行结果：
```
7.8
```

2．指针返回

若函数的返回类型为指针，则不需要产生匿名的临时对象，而直接将对象的地址返回调用处，这样对占内存较多的大对象进行操作时就可以节省时空消耗。

例 **3-7**．函数的返回类型为指针。

```
//**************************************************
//例 3-7．函数的返回类型为指针
//ex3-7.cpp
//**************************************************
#include <iostream>
```

```
using namespace std;
//函数定义
double* returnmax(double* x, double* y)  //返回值较大者的地址
{   return (*x > *y) ? x : y;  }
//主函数
int main()
{
    double a=2.5, b=5.6;
    cout << *returnmax(&a, &b) << endl;  //输出较大者的值, 即 5.6
    *returnmax(&a, &b) = 0; //将较大者的值改为 0, 即 b=0
    cout << b << endl;
    return 0;
}
```
运行结果:
```
5.6
0
```
在上面这个例子中, 由于函数的返回类型是指针, 因此函数调用可以放在赋值运算符的左侧。由于函数调用后返回的是变量 b 的地址, 可以通过该地址修改变量 b 的值。

函数不能返回该函数内的局部对象的地址或局部指针, 因为函数内建立的对象是临时的, 函数执行完后, 对象就不存在了。

以下函数定义是错误的:
```
int* f()
{
    int a=0;
    return &a;  //错误! 不能返回函数内的局部变量的地址
}
```

3. 引用返回

若函数返回类型为引用, 则比返回指针更直接。函数返回时不能引用函数内定义的局部对象, 原因与返回指针情况类似。函数返回引用, 使得函数调用也可以作为左值, 即可以位于赋值运算符 "=" 的左边。下面是上例修改后的结果。执行 "returnmax(a, b) = 3.3;" 时, 先调用函数, x 和 y 是变量 a 的 b 引用, 由于返回时引用的是 x、y 中值较大者, 对应的是变量 b, 因此可以作为左值, 结果使 b 的值变为 3.3。

例 3-8. 函数返回引用类型。
```
//********************************************************
//例 3-8. 函数返回引用类型
//ex3-8.cpp
//********************************************************
#include <iostream>
```

```
using namespace std;
//函数定义
double& returnmax(double& x, double& y)    //返回较大者的引用
{   return (x > y)? x : y;  }
//主函数
int main()
{
    double a=2.5, b=5.6;
    returnmax(a, b) = 3.3;                 //结果b=3.3
    cout << b << endl;
    return 0;
}
```

运行结果：
```
3.3
```

在大部分情况下，指针能够完成的工作，引用也能够完成，而使用引用比使用指针更简洁、更容易理解，也更安全。

3.2.4　嵌套调用与递归调用

函数不能嵌套定义，即一个函数不能在另一个函数体中进行定义。但是允许嵌套调用，即在一个函数定义体中可以调用另一个函数。

递归调用指函数直接或间接地调用自身。直接递归调用指在函数内调用自身；间接递归调用指在一个函数内调用其他函数，而在其他函数内又调用原函数。

递归过程首先将复杂的问题不断分解为新的子问题，最后达到可直接求解的子问题（递推阶段）；然后从这个子问题的结果出发，按照递推的逆过程，逐层进行回归求值，最终求得原来复杂问题的解（回归阶段）。例如，4!=4×3! ⇌ 3!=3×2! ⇌ 2!=2×1! ⇌ 1!=1。下面的例子是用函数递归调用的方法求 n!。

例 3-9. 递归调用。

```
//************************************************
//例 3-9. 递归调用
//ex3-9.cpp
//************************************************
#include <iostream>
using namespace std;
//函数定义
long recursion(int n)
{
    if(n<0) { cout << "Error! n<0" << endl; return(-1); }
    else if(n <= 1) return(1);
        else return (n* recursion(n-1));
}
//主函数
```

```
int main()
{
    int n = 0;
    cout << "Enter a positive integer: ";
    cin >> n;
    long y = recursion(n);
    if (y>=0) cout << n << "!=" << y << endl;  //输出 n!
    return 0;
}
```

运行结果：

```
Enter a positive integer: 3↵（从键盘输入 3）
3!=6
```

如果从键盘输入一个负数，则输出"Error! n<0"。

3.2.5　如何调用库函数

C++不仅允许调用自定义函数，还允许调用库函数，这些库可以是 C++标准库、不同商家提供的函数库，甚至是用户自己设计的库。例如，C++标准库为我们提供了常用的数学函数，这些函数原型都在头文件<cmath>中进行了说明，使用时用"#include"将该头文件包含进去即可。

例 3-10. 调用 C++标准库函数。

```
//********************************************************
//例 3-10. 调用 C++标准库函数
//ex3-10.cpp
//********************************************************
#include <iostream>
#include <cmath>
using namespace std;
int main()
{
    const double pi = 3.1415926;
    double angle = pi*60/180;   //角度转化为弧度
    cout << "sin(60)= " << sin(angle) << endl; //输出 60 度的正弦值
    cout << "tan(60)= " << tan(angle) << endl; //输出 60 度的正切值
    return 0;
}
```

运行结果：

```
sin(60)=0.866025
tan(60)=1.73205
```

编程时要充分利用库函数，这样可以提高编程效率。当然，需要知道库中提供了哪些函数，同时要知道函数原型的声明放在哪个头文件中。

3.3 函数指针

函数的语句序列经过编译之后，转化成二进制代码并存入内存，每个函数模块对应一个起始地址，称为函数的入口地址。函数名就代表一个函数的入口地址。也可以用一个指向函数的指针来存放函数的入口地址，并通过该指针调用函数，这种指针称为指向函数的指针，简称函数指针。例如：

```
double add(double x, double y) { return (x+y) ; }  //函数定义
double (*fp)(double x, double y) = add; //函数指针定义，初始化指向 add()
```

上面第二个语句定义了一个函数指针 fp，可以指向具有两个 double 型参数、返回类型为 double 的函数，该语句将函数 add()的入口地址赋给 fp。

 注 意

"(*fp)"中的括号不能少。

使用函数指针调用函数的一般形式为：

```
(*指针名)(实际参数列表)；   //C 语言的写法

指针名(实际参数列表)；      //C++语言的写法
```

用上面定义的函数指针 fp 调用函数 add()的例句如下：

```
cout << fp(1.2, 2.0);   //调用函数并输出结果
```

这种通过指针调用函数的写法，表面看来与通过函数名调用函数的写法一样。有所不同的是，fp 是一个变量，它可以重新指向其他相匹配的函数；而 add()相当于一个常量，它所代表的函数入口地址是固定的。

一个函数（或函数指针）可以作为另一个函数的参数，例如，在例 3-11 中，fun()的第二个参数为函数，调用函数 fun()进行参数传递时，同样要分析实参和形参的类型是否匹配，匹配时参数的名字并不重要。

例 3-11. 函数参数为函数类型。

```
//**************************************************
//例 3-11. 函数参数为函数类型
//ex3-11.cpp
//**************************************************
#include <iostream>
using namespace std;
//函数定义
int f1(int, int) { return 3; }      //函数 f1()的定义
int f2(int, int) { return 8; }      //函数 f2()的定义
//下面是函数 fun()的定义，注意第二个参数的写法
//实参(0, 0)仅表示 int 型的数值，用其他整数也可以
```

```
int fun(int n, int g(int, int)) { return n*g(0, 0); }
//主函数
int main()
{
    cout << fun(2, f1) << ", ";      //传递 f1, 结果为 6
    cout << fun(2, f2) << endl;      //传递 f2, 结果为 16
    return 0;
}
```

运行结果：

```
6, 16
```

在定义函数 fun()时，第二个参数也可以写为指针形式，即：

```
int fun(int n, int (*p)(int, int)) { return n*p(0, 0); }
```

3.4　static 函数

对于包含多个文件的程序来说，一般在类体外定义的函数，可以说是具有全局性的函数，在整个程序中都可以调用。如果只允许在一个编译单元内使用某个函数，那么可以在函数定义的开始加上 static 关键字，这样该函数在其他编译单元就不能被调用了。例如，下面程序中的两个文件，在分别编译时不存在问题，但对它们的目标代码进行连接时将报错。

例 3-12. static 函数。

```
//**********************************************
//例 3-12. static 函数
//ex3-12_1.cpp
//该文件目标码与 ex3-12_2.cpp 的目标代码进行连接时，将报错
//**********************************************
void f1();      //函数声明，本文件即使对 f1()进行了声明，仍不能调用 f1()
void f2();      //函数声明
int main()
{
    f1();       //错误! f1()只在 ex3-12_2.cpp 中有效
    f2();       //正确
    return 0;
}


//**********************************************
//例 3-12. static 函数
//ex3-12_2.cpp
//**********************************************
#include <iostream>
```

```
using namespace std;
//函数定义
static void f1() { cout << "Static function! " << endl; } //static 函数
void f2()          //非 static 函数
{
    f1();          //此处可以调用 f1()
    cout << "Non-static function!" << endl;
}
```

3.5 inline 函数

函数调用时，需要保存现场状态，并且需要进行参数传递，转到被调函数的代码起始地址去执行。函数执行完后，又要做相应的恢复工作。所有这些都需要时间和空间的开销。对于一个小操作来说，也许函数调用前后所做的工作比执行函数体内的代码要复杂得多。

为了提高程序的运行效率，可以将功能简单、代码较短、使用频繁的函数，声明为内嵌（inline）函数，编译时用内嵌函数体的代码代替函数调用语句，这样就省去了函数调用的开销。

定义内嵌函数的方法是，在函数定义的前面冠以关键字 inline。

例 3-13. 内嵌函数。

```
//******************************************************
//例 3-13. 内嵌函数
//ex3-13.cpp
//******************************************************
#include <iostream>
using namespace std;
//内嵌函数定义
inline double add(double x, double y) { return (x+y); }
//主函数
int main()
{
    double a=2.2, b=5.6;
    cout << add(a, b) << endl;    //输出为 7.8
    return 0;
}
```

运行结果：

```
7.8
```

编译系统在遇到 add(a, b)时，就用 add()的函数体代码代替 add(a, b)，并用实参代替形参，即 add(a, b)被替换为(a+b)。

关于 inline 函数，注意以下几点。

- inline 函数一般适用于只有几行的小程序。复杂函数（如包含循环语句、开关语句、递归调用等）不能作为 inline 函数。
- inline 函数的定义应出现在被调用之前，并且在调用该函数的每个文本文件中都要进行定义。因此建议把 inline 函数的定义放到头文件中，使用时只需用"#include"包含该头文件。
- inline 只表示一种要求，编译器并非一定将 inline 修饰的函数做内嵌处理。
- 类体内定义的函数即使不带 inline 关键字，也是 inline 函数。
- 使用 inline 函数可以节省运行时间，但程序的目标代码量会增加。
- inline 函数与带参数的宏具有相似的功能，但后者存在安全问题，不建议用。

下面通过实例说明宏定义的不安全性。

```cpp
//使用带参数的宏
#include <iostream>
using namespace std;
#define f(x) x*x
int main()
{
    int x = 2;
    cout << f(x+1) << endl;
    return 0;
}
```

运行结果：

```
5
```

```cpp
//使用 inline 函数
#include <iostream>
using namespace std;
inline int f(int x) { return x*x; }
int main()
{
    int x = 2;
    cout << f(x+1) << endl;
    return 0;
}
```

运行结果：

```
9
```

我们希望程序计算 3 的平方，可以看出，上面两种情况产生了不同的运行结果。原因是：使用带参数的宏时，f(x+1)被替换为 2+1*2+1，而使用 inline 函数时，f(x+1)被替换为 3*3。

3.6　函数重载

函数是为了实现某种操作而设计的，为函数命名时，我们总希望能够"见名知义"。

对于不同数据类型的对象，如果要完成相似的操作，可以使用相同的函数名。C++允许同一作用域内的多个函数可以具有相同的函数名，但是参数列表（参数个数、类型、顺序）要有所不同，编译器会根据参数匹配情况自动确定调用哪个函数。这些具有相同名字的不同函数就称为重载（overloading）函数。

在下面的例子中，编译器会根据实参和形参的匹配情况，自动决定调用哪个 add()。

例 3-14. 函数重载举例。

```
//*****************************************************
//例 3-14. 函数重载举例
//ex3-14.cpp
//*****************************************************
#include <iostream>
using namespace std;
//函数定义
int add(int x, int y) { return (x+y); }              //两整数相加
double add(double x, double y) { return (x+y); }     //两实数相加
int add(int x, int y, int z) { return (x+y+z); }     //三整数相加
//主函数
int main()
{
    cout << add(2, 3) << ", ";        //调用两整数相加的函数
    cout << add(2.0, 3.5) << ", ";    //调用两实数相加的函数
    cout << add(2, 3, 4) << endl;     //调用三整数相加的函数
    return 0;
}
```

运行结果：

```
5, 5.5, 9
```

定义重载函数时，函数之间必须参数列表有所不同，而函数返回类型和形参名字都不能用来区分函数。在同样的作用域内，如果一些函数的函数名相同，参数列表也相同，但函数返回类型或形参名字不同，那么编译器会认为它们是同一函数的重复定义。如果下面三个定义同时出现，编译时就会报错。

```
int add(int x, int y){ return (x+y); }
void add(int x, int y){ x+y; }          //错误！编译器不以返回类型来区分函数
int add(int a, int b){ return (a+b);}//错误！编译器不以形参名来区分函数
```

3.7　带默认形参值的函数

在定义或声明函数时，可以为形参指定默认值。函数调用时，若给出实参，则用形参初始化形参；若没有给出实参，则采用默认的参数值。例如：

```
int add(int x=2, int y=3) { return (x+y); } //函数定义，为形参指定了默认值
int main()
{
```

```
    add(10, 20);      //用实参 10 和 20 初始化形参 x 与 y
    add(10);          //相当于 add(10, 3)，形参 y 用默认值 3
    add();            //相当于 add(2, 3)，两个形参都采用默认值
    return 0;
}
```

上面的例子是函数定义位于函数调用之前的情况。若函数定义位于函数调用之后，则应在函数调用之前进行函数原型声明，并且参数默认值应在函数原型中给出。例如：

```
int add(int x=2, int y=3); //函数原型声明
int main()
{
    add(10);              //函数调用
    add();                //函数调用
    return 0;
}
int add(int x, int y) { return (x+y); }     //函数定义
```

形参默认值必须按从右向左的顺序给出。在带默认值的形参的右边，不允许出现无默认值的形参。因为在函数调用时，实参初始化形参的顺序是从左向右的。例如：

```
int add(int x, int y=2, int z=3);          //正确
int add(int x=1, int y=2, int z);          //错误
int add(int x=1, int y, int z=3);          //错误
```

当重载函数中具有默认形参值时，需要防止出现歧义。例如，有下面的两个重载函数：

```
int add(int x, int y=2, int z=3);
int add(int x, int y);
```

这时，当出现调用形式 "add(4, 5);" 时，编译器无法确定应该执行哪个函数。

→ 3.8 小结

函数是程序功能划分和代码重用的主要手段之一。主函数是程序运行的入口，主函数内可以调用子函数，子函数内还可以继续调用其他子函数。

函数的参数传递与信息返回是函数与外部通信的接口。函数声明或定义中的参数称为形参，函数调用时的参数称为实参。调用函数时，参数传递信息的方式包括值传递、指针传递和引用传递，参数类型可以是 C++ 允许的任意数据类型。函数信息返回的形式可以为值返回、指针返回和引用返回。函数也可以不带参数或没有返回信息。

函数名代表函数的入口地址。可以用函数指针来存放函数的入口地址，并通过函数指针调用函数。

如果只允许在一个编译单元内使用某个函数，那么可以在函数定义时加上 static 关键字。将简单的小程序定义为 inline 函数，可以减少调用函数的开销。在定义或声明函数时，可以为函数的形参指定默认值。C++ 允许同一作用域内重载同名函数，即不同的函数可以具有相同的名字，但是参数列表要有所不同。

习　题　3

1．编写求三个实数之中最小数的函数。在主函数中调用所编写的函数，通过传递不同的实参数据，验证所编函数的功能。

2．编写求一元二次方程 $ax^2 + bx + c = 0$ 的根的函数。在主函数中测试所编函数的功能。

3．假设 n 为非负整数，编写递归函数求 $n!$。在主函数中，定义一个函数指针，分别通过函数名和函数指针调用函数，在屏幕上输出 10! 的结果。

4．对于例 3-12，如果在文件 ex3-12_2.cpp 中将函数 f2()定义为 static 函数，而将 f1()定义为非 static 函数，程序是否能够运行？

5．一般地，函数通过 return 语句只能返回一个值。当需要返回多于一个值时，可以通过引用类型的形参实现。编写一个函数求圆的面积和周长，表示半径、面积、周长的三个参数分别通过值、引用、引用的方式传递。在主函数中测试所编函数的功能。

6．使用函数重载的方法，分别针对整数坐标和实数坐标定义两个函数，求空间内某点到原点的距离。要求无论是一维、二维，还是三维直角坐标空间内的一点，都可以通过调用这两个函数得出它们到原点的距离。并在此基础上，求平面上点(1.5, −1.5)到原点的距离，以及三维点(1, 1, 1)到原点的距离。

第 4 章

类与对象

内容提要

类是面向对象程序设计的基础。类将不同类型的数据及对数据的操作封装起来，形成高度抽象的数据类型。数据抽象及封装是面向对象程序设计的基本特征之一。

本章主要介绍类与对象的定义，详细讨论类的构造函数与析构函数，特别是构造函数的不同重载形式；还介绍赋值成员函数、static 成员及 const 成员、指向成员的指针，以及组合类、友元等内容。

4.1 类与对象的定义

4.1.1 类的定义

关于类的定义，在第 2 章曾做过简单介绍。定义一个类，实际上就是定义一种新的数据类型。这种数据类型是一种抽象数据类型，它不仅可以包含不同类型的数据成员，还可以包含操作这些数据成员的成员函数。类把数据和操作封装在一起，其中的数据成员和成员函数统称为类的成员。在定义时还要对类中的某些成员进行隐藏，因此类不仅具有封装性，还具有信息隐藏性。

类定义的一般形式如下：

```
class 类名
{
public:
    公有的数据成员和成员函数；
protected:
    受保护的数据成员和成员函数；
private:
    私有的数据成员和成员函数；
};  //此处的分号不能少！
```

在上述类的定义形式中，class 是定义类的关键字，"类名"是一种表示类名称的标识符，一对花括号内的部分是该类的类体，类体中说明该类的成员，右花括号后必须带有分号。

public（公有）、private（私有）及 protected（受保护）是访问属性关键字，它们控制外界访问类的成员的权限。若定义类时没有明确规定成员的访问属性，则所有的成员默认为 private。这三种访问属性关键字在类内出现的顺序和次数是没有限制的。

类的一般成员函数和友元函数可以访问本类的所有成员。

外界可以访问类对象的公有成员，公有成员为类与外界的交互提供了接口。一般情况下，将成员函数声明为类的公有成员。调用类对象的成员函数，有时又被称为向这个对象发送消息。

外界不能访问类的私有成员。所以，私有成员是类中被隐藏的部分。一般将数据成员声明为类的私有成员。

类中受保护的成员具有和私有成员相类似的访问属性，但是在多层次继承的情况下，基类的受保护成员在派生类中的访问属性与私有成员有所不同，具体将在第 6 章中详述。

例如，要定义一个描述平面上的点的类 CPoint。类 CPoint 中有 4 个公有成员函数、2 个私有数据成员（表示坐标）。成员函数 Xcoord()和 Ycoord()的功能是返回数据成员 X 及 Y 的值，SetPoint()的功能是给数据成员赋值，Move()的功能是改变点的位置。具体如下：

```
class CPoint
{
public:
    int Xcoord() { return X; }      //成员函数定义
    int Ycoord() { return Y; }      //成员函数定义
    void SetPoint(int x, int y) { X = x; Y = y; }      //成员函数定义
    void Move(int dx, int dy) { X += dx; Y += dy; }      //成员函数定义
private:
    int X, Y;      //数据成员
};   //此处分号不能少！
```

数据成员的声明包括数据成员的名字及其类型。数据成员的类型可以是 C++允许的任意数据类型，包括其他的类类型，但不能是自身的类类型，可以是自身类指针或自身类引用。

类体内不能为数据成员赋初值，因为类是一种抽象的数据类型，而不是实体，不占据内存，也就无法容纳数值。

成员函数的函数体部分（实现部分）可以在类内，也可以在类外。当将成员函数的定义放在类体外时，应在函数名前加上类名和作用域限定符"::"，以限定该函数的归属。例如，将上面例子中的成员函数 Move()定义在类体外。首先要在类内进行声明，形式为：

```
class CPoint
{
    ...
    void Move(int dx, int dy);      //函数声明
    ...
};
```

在类体外，成员函数 Move()的定义形式为：

```
void CPoint::Move(int dx, int dy)      //注意要加上 CPoint::
```

```
{
    X += dx;
    Y += dy;
}
```

在上面的定义中，如果 Move 的前面没有 CPoint::限定，那么编译器就认为该函数是一个外部函数，而不是 CPoint 类的成员函数，在连接时会因缺少成员函数的定义而报错。在类体外定义成员函数时，必须在类体内对函数进行声明。

类体内定义的成员函数默认为 inline 函数，可以不带 inline 关键字。类体外定义的成员函数默认情况下不是 inline，但可以声明它为 inline，只需在函数声明及函数定义的开始加上关键字 inline 即可。需要注意的一点是，如果类体外定义的成员函数是 inline 的，则必须将定义类和定义成员函数的源代码放在同一个文件中，否则编译时在函数调用处无法进行代码置换。

例 4-1. inline 成员函数的类定义。

```
//*******************************************************
//例 4-1. inline 成员函数的类定义
//ex4-1.cpp
//*******************************************************
//类体内只对成员函数进行声明
class CPoint
{
public:
    inline int Xcoord();
    inline int Ycoord();
    inline void SetPoint(int x, int y);
    inline void Move(int dx, int dy);
private:
    int X, Y;   //数据成员
};
//成员函数在类体外定义
inline int CPoint::Xcoord() { return X; }
inline int CPoint::Ycoord() { return Y; }
inline void CPoint::SetPoint(int x, int y) { X = x; Y = y; }
inline void CPoint::Move(int dx, int dy) { X += dx; Y += dy; }
//主函数
int main()
{
    CPoint a;
    a.SetPoint(1,2);
    return 0;
}
```

通常，类的成员函数可以像非成员函数那样进行重载，成员函数的参数也可以带有默认值。但是析构函数不带参数，不能重载。

4.1.2 类对象

1. 类对象的定义

类是用户定义的数据类型，可以像创建基本数据类型对象那样创建类对象。类对象的定义格式如下：

    类名 对象名列表;

其中，"类名"是类对象所属的类的名字。"对象名列表"中可以是一个或多个对象名，多个对象名之间用逗号分隔。也可以定义指向对象的指针或者引用及对象数组等。例如：

```
int a1, a2, a[3];           //声明 int 型的对象 a1、a2 和数组 a
int* pi = &a1;              //声明指向 int 型对象的指针 pi，初始化指向 a1
int& ar = a1;              //声明 int 型对象 a1 的一个引用 ar
CPoint c1, c2, c[3];        //声明 CPoint 型的对象 c1、c2 和数组 c
CPoint* pc = &c1;           //声明指向 CPoint 型对象的指针 pc，初始化指向 c1
CPoint& cr = c1;            //声明 CPoint 型对象 c1 的一个引用 cr
```

2. 如何访问类对象的成员

类代表了某类对象的共同特征，是抽象的；而类对象是类的实例，是具体的。一个类的多个对象分别拥有自己的数据成员和成员函数。比如，大学生是一个类别，他们都有学号、姓名、成绩等；而具体到某一位大学生，则有属于自己的学号、姓名和成绩。

可以通过对象名或指向对象的指针来访问对象的成员。如果通过对象名访问对象的成员，则使用运算符"."，如果通过指向对象的指针访问对象的成员，则使用运算符"->"。

另外，类的所有非静态成员函数都有一个隐含参数，即 this 指针。当创建一个类对象时，this 指针就被初始化指向该对象。这是一个常量型隐含指针，局部于某个对象，主要应用于运算符重载、自引用等场合。在下面的例子中，4 个成员函数内都可以使用 this 指针，当建立类对象时，this 就自动被初始化指向该对象。

例 4-2. 访问类对象的成员。

```
//********************************************************
//例 4-2. 访问类对象的成员
//ex4-2.cpp
//********************************************************
#include <iostream>
using namespace std;
//类定义
class CPoint
{
public:
    int Xcoord(){ return X; }    //成员函数定义，函数内的 X 可用 this->X 代替
```

```
        int Ycoord(){ return Y; }    //成员函数定义, 函数内的 Y 可用 this->Y 代替
        void SetPoint(int x, int y){ X = x; Y = y; }    //成员函数定义
        void Move(int dx, int dy){ X += dx; Y += dy; } //成员函数定义
    private:
        int X, Y;        //数据成员
    };
    //主函数中定义和使用类对象
    int main()
    {
        CPoint d1;           //声明对象 d1
        CPoint* p = &d1;     //声明指针 p, 使其指向对象 d1
        CPoint& d = d1;      //声明 d1 的引用 d
        d.SetPoint(2, 3);    //通过对象名访问对象 d 的成员 SetPoint()
        //cout<<d1.X;         //错误! 不能访问对象的私有成员
        //下面通过指向对象的指针访问对象的成员
        cout << " d1.X=" << p->Xcoord() << ", " << " d1.Y="
             << p->Ycoord() << endl;
        return 0 ;
    }
```

运行结果:

```
    d1.X=2, d1.Y=3
```

由于指针 p 指向对象 d1, 而 d 又引用 d1, 执行函数调用语句"d.SetPoint(2, 3);"后, 使得 d1 的数据成员的数值发生了变化, 因此在执行"p->Xcoord()"时实际上是调用 d1 的成员函数 Xcoord()。

注意不能采用"cout<<d1.X;"的形式来输出 d1 中的数据成员 X 的值, 因为 d1 的两个数据成员 X 和 Y 的访问属性是 private, 在类的外部不能访问。

也可以定义指向数据成员和成员函数的指针, 具体参见 4.6 节。

3. 类对象的存储

在定义类对象时, 编译系统会为这个对象分配存储空间, 以存放对象中的成员。同一类的多个对象一般占据不同的内存空间。

对同一类别的多个对象来说, 其数据存储单元中存放的数据值一般是不同的, 而成员函数的代码则是相同的。假设有 10 个同一类的多个对象, 如果在内存中开辟 10 块空间来分别存放 10 段相同的函数代码, 显然是一种空间浪费。

编译系统的做法是: 每个对象所占用的存储空间只是该对象数据部分所占用的存储空间, 而不包括函数代码部分(见图 4-1)。从物理的角度看, 成员函数代码是存储在对象空间之外的, 而且在内存中只保存一份。但是从逻辑的角度看, 调用一个对象的成员函数与调用另

图 4-1　类对象的存储

一个对象的相同成员函数, 传递的参数和执行的结果是不一样的。因为成员函数的参数列表中都隐含一个 this 指针, 系统通过 this 指针来指明当前操作的是哪个对象。

4.1.3 类的封装性和信息隐藏

我们把数据和操作数据的算法（成员函数）封装在一起构成类。在声明类时，一般把数据指定为私有的，而把成员函数指定为公有的。外界只能通过公有的成员函数实现对数据的访问，而不能直接访问私有的数据，这就起到了信息隐藏的作用。公有成员函数的声明部分相当于类的对外接口。

可以将类的声明部分放在一个头文件中，而将函数体（实现）部分放在另一个文件中，即将接口与实现分离。对于类的用户来说，只需要知道类的接口，而不需要知道类的实现细节，使用时只要包含相应的头文件即可。我们就是这样使用标准库中的类与函数的。库中一般包含两部分：

- 声明部分的头文件；
- 已编译过的实现部分的目标文件。在我们的程序中，用"#include"包含有关头文件，编译后自动与标准库中的目标文件相连接，最后生产可执行文件。

对例 4-2 进行修改，得到下面由三个文件组成的程序。将类 CPoint 的声明代码放在头文件 cpoint.h 中，将类的实现代码放在文件 cpoint.cpp 中，ex4-3.cpp 是包含主函数的应用程序代码。

例 4-3. 接口与实现分离——类的声明部分。

```
//****************************************************
//例 4-3. 接口与实现分离——类的声明部分
//cpoint.h
//****************************************************
#ifndef  CPOINT_H    //避免多次 include
#define  CPOINT_H
class CPoint
{
public:
    int Xcoord();     //成员函数声明
    int Ycoord();     //成员函数声明
    void SetPoint(int x, int y);     //成员函数声明
    void Move(int dx, int dy);       //成员函数声明
private:
    int X, Y;       //数据成员
};   //此处分号不能少！
#endif   //CPOINT_H

//****************************************************
//例 4-3. 接口与实现分离——类的实现部分
//cpoint.cpp
//****************************************************
#include "cpoint.h"    //此行必须有，因为下面用到了 CPoint
int CPoint::Xcoord(){ return X; }     //成员函数定义
```

```
int CPoint::Ycoord(){ return Y; }      //成员函数定义
void CPoint::SetPoint(int x, int y){ X = x; Y = y; }  //成员函数定义
void CPoint::Move(int dx, int dy){ X += dx; Y += dy; }//成员函数定义


//************************************************
//例 4-3．接口与实现分离——用户程序
//ex4-3.cpp
//************************************************
#include <iostream>     //此行必需，因为下面用到了 cout 和<<
#include "cpoint.h"      //此行必需，因为下面用到了 CPoint
using namespace std;
//主函数
int main()
{
    CPoint d1;          //声明对象 d1
    CPoint* p = &d1;    //声明指针 p，使其指向对象 d1
    CPoint& d = d1;     //声明 d1 的引用 d
    d.SetPoint(2, 3);   //调用对象 d 的成员 SetPoint()
    cout << "d1.X=" << p->Xcoord() << ", " << "d1.Y="
        << p->Ycoord() << endl;
    return 0;
}
```

在 C++开发环境下，新建 test 项目，并加入例 4-3 中的三个文件，对 cpoint.cpp 和 ex4-2.cpp 分别进行编译，可以得到目标文件 cpoint.obj 和 ex4-2.obj。然后连接得到可执行文件 test.exe，运行结果与例 4-2 相同。这时，如果在另一个应用程序中想使用我们设计的这个类，先要把 cpoint.h 复制到当前目录下，在应用程序中包含头文件 cpoint.h，再把 cpoint.obj 加入新项目。这时 CPoint 类的实现源代码用户是看不到的，这样既保证了程序的安全，又保护了开发者的权益。

可以看出，在这个例子中实际上设计了一个小小的类库，只不过其中只包含一个类。

由于本教材中的例子大多数比较短小，所以多数情况下我们把所有的代码都放在一个.cpp 文件中，而没有按照接口与实现相分离的原则设计程序。在开发大型软件时，则要考虑将接口与实现相分离，以利于分工协作，保证程序具有比较好的可维护性和可扩展性。

4.2　构造函数与析构函数

构造函数和析构函数都是特殊的成员函数。

类的对象和基本数据类型的对象一样，在创建时一般应该进行初始化，也就是为对象的数据成员赋初值。一方面，与基本数据类型对象不同的是，类对象的初始化工作是通过自动调用构造函数完成的。另一方面，当对象完成使命后应该删除，也就是释放所占的内存，这个工作是自动调用析构函数完成的。

4.2.1 构造函数

1. 构造函数的定义与作用

构造函数的名字必须与类的名字相同，而且构造函数没有返回类型（注意不是void）。当建立类的对象时，构造函数自动被调用。

用户可以根据初始化的要求设计构造函数的参数和函数体。前面设计的 CPoint 类，由于没有定义能进行初始化操作的构造函数（编译器虽然会自动产生一个构造函数，但这个构造函数的函数体是空的），因此在建立对象时无法对两个 int 成员 X 和 Y 进行初始化。现在，在原来类定义的基础上添加构造函数，在构造函数中对成员 X、Y 进行初始化。

例 4-4. 构造函数的定义及作用。

```
//********************************************************
//例 4-4. 构造函数的定义及作用
//ex4-4.cpp
//********************************************************
#include <iostream>
using namespace std;
//类定义
class CPoint
{
public:
    CPoint(){ X=0; Y=0; }        //构造函数定义
    int Xcoord(){ return X; }
    int Ycoord(){ return Y; }
    void SetPoint(int x, int y){ X = x; Y = y; }
    void Move(int dx, int dy){ X += dx; Y += dy; }
private:
    int X, Y;        //数据成员
};
//主函数
int main()
{
    CPoint d;        //建立对象 d 时自动调用构造函数，使 d 的两个数据成员初值为 0
    cout << "d.X=" << d.Xcoord() << ", " << "d.Y=" << d.Ycoord()
        << endl ;
    CPoint s[3];    //建立含三个元素的对象数组
    cout << "s[2].X=" << s[2].Xcoord() << ", " << "s[2].Y="
        << s[2].Ycoord() << endl ;
    return 0;
}
```

运行结果：

```
d.X=0, d.Y=0
s[2].X=0, s[2].Y=0
```

当创建对象 d 时，系统就会自动调用构造函数，执行的结果使得 d 中的两个数据成员的值均被初始化为 0。当创建含三个元素的对象数组 s 时，每创建一个对象，都会调用构造函数，从 s[0]到 s[2]逐个创建，并将这三个对象的数据成员 X 和 Y 分别初始化为 0。

构造函数体内也可以有其他功能的语句，但一般不提倡在构造函数中加入与初始化无关的操作，以保持程序的清晰。

构造函数也可以定义在类体外，其函数名前同样要加上"类名::"。要记住，构造函数不带返回类型，函数体中也不允许返回值。

构造函数是在建立对象时由系统自动调用的，用户不能随意调用一个对象的构造函数，也就是说在前面的程序中不能出现类似"d.CPoint();"的语句。

任何一个类都必须含有构造函数，若类的设计者没有显性定义构造函数，则系统会自动生成一个默认构造函数（不带参数的构造函数），它只负责创建对象，而不做任何初始化工作。在 CPoint 类定义中若没有定义构造函数，则编译器自动生成的构造函数具有下列形式：

```
CPoint::CPoint(){ }        //前面的 CPoint 表示类名
```

只要我们为一个类定义了构造函数，C++编译器就不再自动生成构造函数。

2. 带参数的构造函数

上例中定义的构造函数，使得该类的每个对象都得到同样的初值，而我们经常希望对不同的对象赋予不同的初值。采用带参数的构造函数，可以将不同的实参数值传递给构造函数，从而实现不同的初始化。在建立对象时给出实际参数值，在自动调用构造函数的同时将实参值传递给构造函数，参数值传递的顺序与一般函数一样，是从左到右的。在上例的基础上得到下面的例 4-5。

例 4-5. 带参数的构造函数。

```
//*******************************************************
//例 4-5. 带参数的构造函数
//ex4-5.cpp
//*******************************************************
#include <iostream>
using namespace std;
//类定义
class CPoint
{
public:
    CPoint(int x, int y){ X=x; Y=y; }     //带参数的构造函数定义
    int Xcoord(){ return X; }
    int Ycoord(){ return Y; }
    void SetPoint(int x, int y){ X = x; Y = y; }
    void Move(int dx, int dy){ X += dx; Y += dy; }
private:
```

```
        int X, Y;        //数据成员
    };
    //主函数
    int main()
    {
        CPoint d1(0, 0);        //建立对象 d1，使 d1 的两数据成员初值均为 0
        cout << "d1.X=" << d1.Xcoord() << ", " << "d1.Y=" << d1.Ycoord()
            << endl ;
        CPoint d2(3, 4);        //建立对象 d2，使 d2 的两数据成员初值为 3 和 4
        cout << "d2.X=" << d2.Xcoord() << ", " << "d2.Y=" << d2.Ycoord()
            << endl ;
        return 0 ;
    }
```

运行结果：

```
    d1.X=0, d1.Y=0
    d2.X=3, d2.Y=4
```

以语句“CPoint d2(3, 4);”为例，其功能是建立对象 d2，同时将实参值 3 和 4 依次传给构造函数的形参 x 和 y，结果使 d2.X 初始化为 3，d2.Y 初始化为 4。

3．成员初始化列表

上面的例子中，在构造函数的函数体内为数据成员赋予初值。还有另一种初始化数据成员的方法，就是在成员初始化列表中进行数据成员的初始化。例如，将上例中类 CPoint 内的构造函数定义写成以下的形式：

```
    CPoint(int x, int y): X(x), Y(y) { }        //在成员初始化列表中进行初始化
```

在构造函数声明部分的末尾加一个冒号，后面就是成员初始化列表。上面的初始化列表表示：用参数 x 的值初始化数据成员 X，用参数 y 的值初始化数据成员 Y。当需要初始化的数据成员比较多时，这种写法直观、简练。注意这时不能用“=”。

如果花括号内还有其他语句，那么在调用构造函数时先执行成员初始化列表，再按顺序执行花括号内的语句。数据成员在初始化列表中的初始化顺序，与它们在类中的声明顺序有关，而与它们在初始化列表中给出的顺序无关（见 4.7 节）。

如果构造函数在类体外定义，那么初始化列表在函数定义中给出。

例 4-6．带初始化列表的构造函数。

```
    //***************************************************
    //例 4-6．带初始化列表的构造函数
    //ex4-6.cpp
    //***************************************************
    #include <iostream>
    using namespace std;
    //CPoint 类的构造函数只有声明部分
    class CPoint
    {
    public:
```

```
        CPoint(int x, int y);          //构造函数声明
        int Xcoord(){ return X; }
        int Ycoord(){ return Y; }
private:
        int X, Y;
};
//初始化列表在构造函数的定义中给出
CPoint::CPoint(int x, int y): X(x), Y(y)
{
        cout << "Constructor ";
        cout << "of CPoint." << endl;
}

//主函数
int main()
{
        CPoint d1(1, 2);       //建立对象 d1
        cout << "d1.X=" << d1.Xcoord() << ", " << "d1.Y=" << d1.Ycoord()
             << endl ;
        CPoint d2(3, 4);       //建立对象 d2
        cout << "d2.X=" << d2.Xcoord() << ", " << "d2.Y=" << d2.Ycoord()
             << endl ;
        return 0 ;
}
```

运行结果：

```
Constructor of CPoint.
d1.X=1, d1.Y=2
Constructor of CPoint.
d2.X=3, d2.Y=4
```

4．构造函数的重载

构造函数可以被重载，也就是说，在一个类中可以定义多个构造函数，以提供类对象的不同初始化方法。

例 4-7．构造函数的重载。

```
//********************************************************
//例 4-7．构造函数的重载
//ex4-7.cpp
//********************************************************
#include <iostream>
using namespace std;
//类定义
class CPoint
{
public:
```

```
        CPoint() { X=0; Y=0; }                //没有形参
        CPoint(int x) { X=x; Y=0; }           //带一个形参
        CPoint(int x, int y) { X=x; Y=y; }   //带两个形参
        int Xcoord(){ return X; }
        int Ycoord(){ return Y; }
        void SetPoint(int x, int y){ X = x; Y = y; }
        void Move(int dx, int dy){ X += dx; Y += dy; }
    private:
        int X, Y;       //数据成员
    };
    //主函数
    int main()
    {
        CPoint d1;            //建立对象 d1，调用不带参数的构造函数
        CPoint d2(3);         //建立对象 d2，调用带一个参数的构造函数
        CPoint d3(4, 5);      //建立对象 d3，调用带两个参数的构造函数
        cout << "d1.X=" << d1.Xcoord() << ", " << "d1.Y=" << d1.Ycoord()
            << endl ;
        cout << "d2.X=" << d2.Xcoord() << ", " << "d2.Y=" << d2.Ycoord()
            << endl ;
        cout << "d3.X=" << d3.Xcoord() << ", " << "d3.Y=" << d3.Ycoord()
            << endl ;
        return 0 ;
    }
```

运行结果：

```
    d1.X=0, d1.Y=0
    d2.X=3, d2.Y=0
    d3.X=4, d3.Y=5
```

在上述类 CPoint 中定义了三个构造函数。程序编译时，编译器会根据创建对象时所给出的实参情况，选用合适的构造函数。例如，主函数中的"CPoint d1;"语句，因为没有提供实参，所以将调用默认构造函数。注意，该语句不能写为"CPoint d1();"，否则就是函数声明而不是建立类对象。

创建类对象时，如果找不到相匹配的构造函数，那么就不能建立相应的对象。例如，如果 CPoint 中没有定义带一个参数的构造函数，那么语句"CPoint d2(3);"编译时就会出错。

5. 带默认参数值的构造函数

从上例可以看出，虽然重载构造函数可以提供多种类对象初始化方法，但是过多的构造函数增加了代码量。为减少代码量，我们可以使用带默认参数值的构造函数。上例中类内的三个构造函数可以被下面的一个代替，程序的运行结果将不会改变：

```
    CPoint(int x=0, int y=0) { X=x; Y=y; }    //带默认参数值的构造函数
```

构造函数参数传递时，顺序是从左到右。若给出了实参值，则对应的数据成员采用实参值作为初值，否则采用默认参数值作为初值。

例 4-8. 带默认参数值的构造函数。

```
//**********************************************
//例 4-8. 带默认参数值的构造函数
//ex4-8.cpp
//**********************************************
#include <iostream>
using namespace std;
//类定义
class CPoint
{
public:
    CPoint(int x=0, int y=0) { X=x; Y=y; }    //带默认参数值的构造函数
    int Xcoord(){ return X; }
    int Ycoord(){ return Y; }
    void SetPoint(int x, int y){ X = x; Y = y; }
    void Move(int dx, int dy){ X += dx; Y += dy; }
private:
    int X, Y;        //数据成员
};
//主函数
int main()
{
    CPoint d1;            //建立对象 d1，两个数据成员都被初始化为 0
    CPoint d2(3);         //建立对象 d2，d2.X 被初始化为 3，d2.Y 被初始化为 0
    CPoint d3(4, 5);      //建立对象 d3，d3.X 被初始化为 4，d3.Y 被初始化为 5
    cout << "d1.X=" << d1.Xcoord() << ", " << "d1.Y=" << d1.Ycoord()
        << endl ;
    cout << "d2.X=" << d2.Xcoord() << ", " << "d2.Y=" << d2.Ycoord()
        << endl ;
    cout << "d3.X=" << d3.Xcoord() << ", " << "d3.Y=" << d3.Ycoord()
        << endl ;
    return 0 ;
}
```

运行结果：

```
d1.X=0, d1.Y=0
d2.X=3, d2.Y=0
d3.X=4, d3.Y=5
```

如果构造函数在类体之外进行定义，那么应该在类内声明构造函数时为参数指定默认值，在类外定义时默认值不再写出。例如：

```
class CPoint
{
public:
```

```
        CPoint(int x=0, int y=0);                   //构造函数声明
        int Xcoord(){ return X; }
        int Ycoord(){ return Y; }
        void SetPoint(int x, int y){ X = x; Y = y; }
        void Move(int dx, int dy){ X += dx; Y += dy; }
    private:
        int X, Y;        //数据成员
    };
    CPoint ::CPoint(int x, int y) { X=x; Y=y; }  //构造函数定义
```

一般要避免同时使用带默认参数值的构造函数和重载构造函数，否则容易出现歧义性问题。例如，假设在类 CPoint 内定义了两个构造函数，其声明形式为：

```
    CPoint(int x);                   //带一个参数
    CPoint(int x, int y=0);          //带两个参数，参数有默认值
```

如果想通过下面的方式建立对象 d，就会出错：

```
    CPoint d(3);                     //究竟应调用哪个构造函数呢？
```

这时出现了歧义性，编译器决定不了要调用哪一个构造函数，编译时将会报错。

在一个类中，如果构造函数的所有参数都具有默认值，那么就不应再重载构造函数。

6．复制构造函数

前面我们学习了如何通过构造函数对新创建的类对象进行初始化操作。有时，我们希望像基本数据类型那样，利用已有的类对象去初始化新创建的类对象。例如：

```
    int a1 = 0;          //定义 int 型对象 a1
    int a2(a1);          //或 int a2=a1; 利用已有的对象 a1 去初始化新建对象 a2
    CPoint obj1;         //建立类对象 obj1
    CPoint obj2(obj1);   //或 CPoint obj2=obj1; 利用已有的 obj1 去初始化新建的 obj2
```

类对象的这种初始化方式是通过调用复制初始化构造函数（简称复制构造函数）实现的。每个类都必须含有复制构造函数，如果设计人员没有显性定义，编译器会自动生成一个默认的复制构造函数。

复制构造函数也是构造函数，它的形参类型是类类型的引用，这样在参数传递时就不用建立新的类对象，而只是对实参的引用。为了保证不修改被引用的对象，通常把引用参数声明为 const。例如：

```
    CPoint::CPoint(const CPoint& ref)
    {
        X = ref.X ;      //用被引用对象的 X 值初始化新创建对象的 X
        Y = ref.Y ;      //用被引用对象的 Y 值初始化新创建对象的 Y
    }
```

其中第一个 CPoint 是类名，第二个 CPoint 是复制构造函数的名称，ref 是引用参数名称，const CPoint&表示 ref 的数据类型。

例 4-9．复制构造函数。

```
    //****************************************************
    //例 4-9．复制构造函数
    //ex4-9.cpp
```

```
//***************************************************
#include <iostream>
using namespace std;
//类定义
class CPoint
{
public:
    CPoint(int x = 0, int y = 0) { X = x; Y = y; }        //普通构造函数
    CPoint(const CPoint& ref){ X = ref.X ; Y = ref.Y ; }//复制构造函数
    int Xcoord(){ return X; }
    int Ycoord(){ return Y; }
    void SetPoint(int x, int y){ X = x; Y = y; }
    void Move(int dx, int dy){ X += dx; Y += dy; }
private:
    int X, Y;        //数据成员
};
//主函数
int main()
{
    CPoint d1(4, 5);        //建立对象 d1，调用普通构造函数
    CPoint d2(d1);          //建立对象 d2，调用复制构造函数，用 d1 初始化 d2
    cout << "d1.X=" << d1.Xcoord() << ", " << "d1.Y=" << d1.Ycoord()
        << endl ;
    cout << "d2.X=" << d2.Xcoord() << ", " << "d2.Y=" << d2.Ycoord()
        << endl ;
    return 0;
}
```
运行结果：
```
d1.X=4, d1.Y=5
d2.X=4, d2.Y=5
```
在上述例子中，调用复制构造函数进行参数传递时，相当于了执行语句"const CPoint& ref = d1;"，注意，ref 是对象 d1 的引用，而不是新建立的对象。读者可以通过在复制构造函数中输出 ref 的地址、在主函数中输出 d1 的地址加以验证。

除了在上述显性建立类对象（利用已有对象去初始化新建对象）时需调用复制构造函数外，在函数参数值传递（参数为类类型）、函数值返回（返回类类型）时也要调用复制构造函数。

例 4-10. 复制构造函数的三种被调用情况。
```
//***************************************************
//例 4-10. 复制构造函数的三种被调用情况
//ex4-10.cpp
//***************************************************
#include <iostream>
using namespace std;
```

```
//类定义
class CPoint
{
public:
    CPoint(int x = 0, int y = 0) { X = x; Y = y; cout <<"Constructor."
<< endl ; }
    CPoint(const CPoint& ref)    //复制构造函数
    {
        X = ref.X ;
        Y = ref.Y ;
        cout << "Copy_constructor." << endl ;
    }
    int Xcoord(){ return X; }
    int Ycoord(){ return Y; }
    void SetPoint(int x, int y){ X = x; Y = y; }
    void Move(int dx, int dy){ X += dx; Y += dy; }
private:
    int X, Y;          //数据成员
};
//函数参数和返回类型均为Cpoint
CPoint fun(CPoint d){ d.SetPoint(7, 8); return d; }
//主函数
int main()
{
    CPoint d1(4, 5);     //建立对象d1，调用普通构造函数
    CPoint d2(d1);         //建立对象d2，调用复制构造函数，用d1初始化d2
    cout << "d1.X=" << d1.Xcoord() << ", " << "d1.Y=" << d1.Ycoord()
        << endl ;
    d1 = fun(d2);     //调用函数fun()，调用赋值函数
    cout << "d1.X=" << d1.Xcoord() << ", " << "d1.Y=" << d1.Ycoord()
        << endl ;
    return 0;
}
```

运行结果：

```
Constructor.          //创建对象d1（调用普通构造函数）
Copy_constructor.     //创建对象d2（调用复制构造函数）
d1.X=4, d1.Y=5        //调用d1的两个成员函数
Copy_constructor.     //创建对象d（调用复制构造函数）
Copy_constructor.     //创建匿名对象（调用复制构造函数），赋值给d1
d1.X=7, d1.Y=8        //调用d1的两个成员函数
```

上述程序执行到语句"d1=fun(d2);"时，首先调用函数fun()，在参数传递时建立了参数对象d，即执行了"CPoint d(d2);"，这时调用的是复制构造函数；在函数返回d的值时，建立了一个CPoint型匿名对象，该对象被初始化为d的值；执行函数fun()的右边花

括号后，释放对象 d。然后调用赋值运算符成员函数（简称赋值函数，本例中由编译器自动生成，见 4.3 节），将匿名对象的值赋给 d1，再释放匿名对象。

一般情况下，利用系统自动生成的默认复制构造函数就可以满足要求。但有时需要自己定义复制构造函数，如类中包含指向动态分配内存的指针成员的情况。赋值运算也存在类似的问题，具体见 4.3 节的内容。

7．转换构造函数

如果构造函数具有一个参数，或者从第二个参数开始都带有默认值，那么该构造函数就可以将第一个参数的类型自动转换为当前的类类型。第一个参数可以带默认值也可以不带。假设在 CPoint 类中，定义了下列构造函数：

```
CPoint:: CPoint(int r) { X=r; Y=0; }
```
那么下列语句

```
CPoint(5);
```
的功能是：调用转换构造函数将 5 转换为 CPoint 类型。本质上，是建立一个 CPoint 型对象，其横坐标为 5，纵坐标为 0。

在调用转换构造函数的同时，要建立一个匿名的临时 Cpoint 类对象，该对象使用完毕后被自动删除。

注意，本节所提到的几种构造函数形式是指构造函数的不同的重载形式。在建立一个类对象需要调用构造函数时，系统会根据情况调用其中的某一个，而不会一次都调用。

对类型转换运算符 "()" 进行重载，可以实现将类类型转换为其他类型，具体方法见第 5 章内容。

转换构造函数和类型转换运算符都是在需要时由系统自动调用的。

4.2.2 析构函数

析构函数的作用与构造函数相反，用来从内存中删除类对象。析构函数的名字是类名前加符号 "~"。析构函数不带参数，不能重载，也没有返回类型。其定义形式如下：

```
CPoint::~CPoint() {...}//前一个 CPoint 表示类名，~CPoint 是析构函数名
```
每个类都必须有析构函数，如果设计者没有定义，那么系统会自动生成一个默认的析构函数，函数体为空。

析构函数也是由系统自动调用的，用户不能随意调用。

下面的 Student 类定义中给出了析构函数~Student()的定义形式：

```
class Student
{
public:
    Student()                //构造函数定义
    {
        number = 200801;
        name = new char[20];    //申请堆空间
    }
```

```
        ~Student()                      //析构函数定义
        {
            delete name;                //释放 name 所占堆空间
        }
    private:
        long int number;
        char* name;                     //指针型数据成员
    };
```

Student 类的构造函数中分配了一段堆内存，使指针型数据成员 name 指向该段内存。每创建一个类对象，该对象就在对象空间之外拥有了一段堆内存空间。当删除类对象时，首先必须释放这一段堆内存空间，然后再释放类对象空间，由析构函数来完成这些工作。

4.2.3 构造与析构的顺序

一般来说，在同样的作用域内，调用构造函数建立类对象的顺序是，谁的定义在前面，谁先建立；而调用析构函数删除类对象的顺序与构造的顺序正好相反。

请读者回头再看看例 4-10，特别要注意函数参数对象 d 与函数值返回时匿名对象的构造与析构顺序，由于二者的作用域不同，所以不服从"先构造的后析构"这个一般规律。

我们知道，调用函数进行参数传递时，会建立局部的参数对象，虽然参数传递的顺序是从左向右，但参数对象建立的顺序是从右向左。下面的例子中，函数 fun() 的两个参数均为类类型，从运行结果可以看出调用函数时参数对象的建立顺序。

例 **4-11**. 函数参数为类类型。

```
//***************************************************
//例 4-11．函数参数为类类型
//ex4-11.cpp
//***************************************************
#include <iostream>
using namespace std;
//类定义
class A
{
public:
    A(int j=0): i(j) { cout << "A(int): " << i << endl; }
                                            //一般构造函数
    A(const A& c): i(c.i) { cout << "A(const A&): " << i << endl; }
                                            //复制构造函数
    ~A(){ cout << "~A():" << i << endl; }
    void set(){ i = i+10; }
private:
    int i;
    };
//函数定义
```

```
void fun(A x, A y)
{
    x.set();
    y.set();
    cout << "in fun." << endl;
}
//主函数
int main()
{
    A a(1), b(2);
    fun(a, b);          //函数调用，传递 a 和 b 的值
    cout << "after fun." << endl;
return 0;
}
```

运行结果：

```
A(int): 1            //调用一般构造函数建立对象 a
A(int): 2            //调用一般构造函数建立对象 b
A(const A&): 2       //调用复制构造函数建立函数参数对象 y
A(const A&): 1       //调用复制构造函数建立函数参数对象 x
in fun.
~A(): 11             //析构 x
~A(): 12             //析构 y
after fun.
~A(): 2              //析构 b
~A(): 1              //析构 a
```

在全局对象、静态局部对象、一般局部对象都存在的情况下，自动析构顺序一般是：先删除一般局部对象，其次是静态局部对象，最后删除全局对象。

用 new 建立的堆对象，只能通过 delete 删除。

函数内定义的对象，当这个函数被调用结束时删除（不包括静态对象）。

例 4-12. 构造与析构的顺序。

```
//********************************************************
//例 4-12. 构造与析构的顺序
//ex4-12.cpp
//********************************************************
#include <iostream>
using namespace std;
//类定义
class CPoint
{
public:
    CPoint(int x = 0, int y = 0)
        { X = x; Y = y; cout << "Constructor." << this << endl ;}
    CPoint(const CPoint& ref)    //复制构造函数
```

```
    {
        X = ref .X ;
        Y = ref .Y ;
        cout << "Copy_constructor." << this << endl ;
    }
    ~CPoint(){ cout << "Destructor." << this << endl; } //析构函数
private:
    int X, Y;        //数据成员
};
//外部函数定义
CPoint fun(CPoint r)           //函数参数类型为CPoint
{
    static CPoint dfun(r);   //函数内的静态对象
    return dfun;             //函数返回类型为CPoint
}
//主函数
int main()
{
    CPoint d1(4, 5);         //建立对象d1，调用普通构造函数
    CPoint d2(d1);           //建立对象d2，调用复制构造函数，用d1初始化d2
    CPoint* p = new CPoint(d1);    //建立堆对象，调用复制构造函数
    d1 = fun(d2);            //调用函数fun()
    delete p;
    return 0 ;
}
```

运行结果：

```
Constructor. 012FFBE0              //建立主函数内局部对象d1
Copy_constructor. 012FFBD0         //建立主函数内局部对象d2
Copy_constructor. 0148D9F0         //通过new建立堆对象
Copy_constructor. 012FFA94         //建立函数fun()内局部对象r
Copy_constructor. 00EFE3D8         //建立函数fun()内静态对象dfun
Copy_constructor. 012FFAD0         //建立匿名对象（函数值返回）
Destructor. 012FFA94               //删除函数fun()内局部对象r
Destructor. 012FFAD0               //删除匿名对象
Destructor. 0148D9F0               //通过delete删除堆对象
Destructor. 012FFBD0               //删除主函数内局部对象d2
Destructor. 012FFBE0               //删除主函数内局部对象d1
Destructor. 00EFE3D8               //删除静态对象dfun
```

　　在上述程序中，this 中保存着对象的地址。输出对象地址的目的是让读者可以看出构造和析构的是哪个对象。语句"CPoint* p=new CPoint(d1);"的功能是：用 new 建立一个 CPoint 类型的对象，使指针 p 指向该对象，并且用对象 d1 初始化新建的类对象，这时调用的是复制构造函数。若将语句改为"CPoint* p=new CPoint(4, 5);"，则仍然是建立了新对象，但是调用的是普通构造函数。

➡ 4.3　赋值成员函数

复制构造函数的作用是：利用已有类对象去初始化新建的类对象。同时，我们也希望类对象能够像基本数据类型的变量那样可以相互赋值。例如：

```
int a1 = 0, a2 = 0;      //定义 int 型对象 a1 和 a2
a2 = a1;                 //将 a1 的值赋给 a2
CPoint obj1, obj2;       //建立两个类对象
obj2 = obj1;             //将 obj1 的值赋给 obj2
```

类对象的这种赋值方式是通过重载赋值运算符函数 operator=()实现的（关于运算符重载的内容见第 5 章），该运算符必须重载为类的成员，简称赋值函数。

每个类都必须含有赋值函数，如果设计人员没有显性定义，编译器会自动生成一个默认的赋值函数，其功能是逐个复制类中的数据成员。

赋值函数的返回类型和形参类型是类类型的引用，为了保证不修改被引用的对象，通常把引用参数声明为 const 的。例如：

```
CPoint& CPoint:: operator = (const CPoint& ref)
{
    X = ref.X ;        //用被引用对象的 X 值修改当前对象的 X
    Y = ref.Y ;        //用被引用对象的 Y 值修改当前对象的 Y
    Return *this ;     //返回当前对象
}
```

上述定义中，前面的 CPoint&表示函数的返回类型，接着的 CPoint 是类名，operator= 是赋值函数的名称，ref 是引用参数名称，const CPoint&表示 ref 的数据类型。

　　赋值函数和复制构造函数的实现非常相似。不同的是，赋值函数返回*this，以符合赋值的本来含义。复制构造函数用于初始化正在创建的同类对象，而赋值函数用于修改已经存在的类对象的值。

一旦定义了赋值函数，就可以像基本数据类型对象那样使用赋值符号"="。例如：

```
CPoint obj1, obj2, obj3;     //建立三个类对象
obj3 = obj2 = obj1;          //将 obj1 的值赋给 obj2，再赋给 obj3
```

上面的赋值操作实际上是把 obj1 作为实参，先调用对象 obj2 的赋值函数即"obj2.operator= (obj1);"，然后把返回值作为实参，再调用对象 obj3 的赋值函数。

例 4-13. 赋值函数与复制构造函数。

```
//****************************************
//例 4-13. 赋值函数与复制构造函数
//ex4-13.cpp
//****************************************
//类定义
```

```
class CPoint
{
public:
    CPoint(int x = 0, int y = 0) { X = x; Y = y; } //普通构造函数
    CPoint(const CPoint& ref)                       //复制构造函数
    {
        X= ref .X ;
        Y= ref .Y ;
    }
    CPoint& operator = (const CPoint& ref)          //赋值函数
    {
        X = ref.X ;
        Y = ref.Y ;
        return *this ;
    }
private:
    int X, Y;       //数据成员
};
//主函数
int main()
{
    CPoint d1, d2(4, 5);
    CPoint d3(d2);          //调用复制构造函数
    d1 = d3;                //调用赋值函数
    return 0 ;
}
```

有时用户必须自己定义复制构造函数和赋值函数，例如，类中包含指向动态分配内存的指针成员的情况。这时如果利用编译器自动生成的复制构造函数和赋值函数，在程序运行时会出现问题。例如：

```
class A
{
public:
    A(int r){ p = new int(r); }//在构造函数中初始化p, 指向一个int对象
    ~A(){ delete p; }               //在析构函数中释放p所指向的内存空间
private:
    int *p;                         //指针型数据成员
};
```

在上面的类 A 中，包含一个指针型数据成员。我们没有定义复制构造函数和赋值函数，这两个成员函数将由编译系统自动产生。对于下面的语句，虽然可以通过编译、连接，但程序运行时会出现问题。

```
A a(5);                 //建立A类的对象a, 将p指向的对象初始化为5
A b(a);                 //建立对象b, 调用复制构造函数
A c(5), d(10);          //建立两个A类对象
d = c;                  //调用赋值函数
```

在建立对象 b 时，调用默认的复制构造函数，用对象 a 初始化 b，结果只是指针值的复制，造成 a.p 和 b.p 指向同一个对象（同一段内存）；在程序结束调用析构函数时，将删除同一个对象两次，即释放同一段内存两次。当调用赋值函数用对象 c 的值修改对象 d 时，结果也只是指针值的复制，即 d.p 被更新为 c.p 的值，即两个指针都指向 c.p 所指向的内存，造成 d.p 原先所指向的内存区域无法访问；执行析构函数时，将删除同一个对象两次，而另一个对象无法删除，造成内存资源泄漏。内存示意图参见图 4-2。

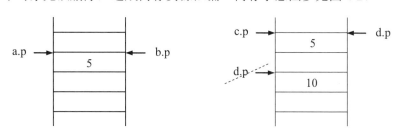

图 4-2 利用默认复制构造函数和默认赋值函数的内存情况

为了解决上面程序存在的问题，我们应该自己定义复制构造函数和赋值函数，在函数体内设计满足对象初始化和赋值要求的程序代码。完整的程序代码如例 4-14 所示。

例 4-14. 复制构造函数与赋值函数。

```
//********************************************************
//例 4-14. 复制构造函数与赋值函数
//ex4-14.cpp
//********************************************************
//类定义
class A
{
public:
    A(int r){ p = new int(r); } //在构造函数中初始化 p，使其指向一个 int 对象
    ~A(){delete p;};             //在析构函数中释放 p 所指向的内存空间
    A(const A& r) { p = new int(*r.p); }   //复制构造函数
    A& operator = (const A& r)             //赋值函数
    {
        if(this == &r)  return *this;      //如果是自引用，则返回当前对象
        delete p;                          //否则先释放当前对象 p 所指内存
        p = new int(*r.p);      //使 p 指向新内存，用 r.p 所指内存的值初始化
        return *this;
    }
private:
    int *p;                      //指针型数据成员
};
//主函数
int main()
{
    A a(5);                      //建立 A 类的对象 a，将 p 指向的对象初始化为 5
```

```
    A b(a);                    //建立对象 b，调用复制初始化构造函数
    A c(5),d(10);              //建立两个 A 类对象
    d = c;                     //调用赋值函数
    return 0 ;
}
```

上面的例子在复制构造函数中，使新建对象的 p 指向一段新内存，并用 r.p 所指内存的值初始化新内存。在赋值函数中，先判断参数是否是自引用的，如果是，则返回当前对象；如果不是首先释放当前对象的 p 所指的内存，然后使 p 指向新内存，并用 r.p 所指内存的值初始化新内存，再返回当前对象。这样就可以避免采用默认构造函数和默认赋值函数所带来的问题。这时的内存示意图见图 4-3。

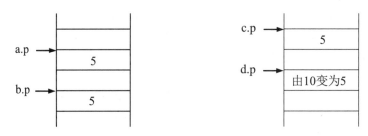

图 4-3   利用自定义复制构造函数和赋值函数的内存情况

另一种需要用户自己定义复制构造函数和赋值函数的情况参见习题 4 的第 3 题。

4.4   静态成员

静态成员包括静态数据成员和静态成员函数两种情况。

4.4.1   静态数据成员

一般地，如果定义 n 个同类的对象，那么每个对象都分别拥有自己的一套成员，不同对象的数据成员各自有值，互不相关。有时我们希望某些数据成员在同类的多个对象之间可以共享，这时可以将它们定义为静态数据成员。

就拿前面定义的 CPoint 类来说，假设用一个 int 型变量 count 来记录点（CPoint 类对象）的个数，每增加一个点，count 都要加 1。如果将 count 定义为普通数据成员，那么当点的个数发生变化时，每个点对象的 count 值都要做出修改，这显然是不合理的。这时可以把 count 声明为 static 的，被所有的 CPoint 类对象共享：

```
class CPoint
{
public:
    CPoint(int x = 0, int y = 0){ X = x; Y = y; }   //普通数据成员初始化
private:
    int X, Y;                  //数据成员
    static int count;          //静态数据成员
```

```
};
    int CPoint::count = 0;         //初始化 count，注意这里无 static 关键字
```

 注意

static 关键字只在类内的静态数据成员声明时使用，静态数据成员一定要在类体外进行初始化。

静态数据成员初始化格式为：

数据类型 类名::静态数据成员名 = 初值；

一般数据成员是在对象建立时分配空间，在对象删除时释放空间的。而静态数据成员是在程序编译时分配空间，到程序结束时释放空间的。静态数据成员在所有对象之外单独存放，而不占用对象的存储空间。

尽管静态数据成员的存储具有全局性，但其作用域仅限于所属类的范围。与普通的数据成员是一样，静态数据成员也有 public、private、protected 之分。在类外不能访问 private、protected 的静态数据成员，可以访问 public 的静态数据成员，访问时可以用"类名::"进行限制，或通过类对象访问。

4.4.2　静态成员函数

成员函数也可以声明为 static 的，方法是在类内成员函数声明或定义的前面冠以 static 关键字。如果在类体外定义静态成员函数，static 关键字只在类内声明时需要，类外定义时不需要，但要用"类名::"进行限制。

静态成员函数主要用来访问类的静态成员，不能直接访问类的非静态成员。

静态成员函数没有 this 指针，。

与静态数据成员一样，在类外调用 public 静态成员函数时，可以用"类名::"进行限制，或通过类对象访问。

例 4-15. 静态成员。

```
//********************************************************
//例 4-15. 静态成员
//ex4-15.cpp
//********************************************************
#include <iostream>
using namespace std;
//CPoint 中包含静态成员
class CPoint
{
public:
    CPoint(int x = 0, int y = 0) { X = x ; Y = y ; count += 1;}
    //构造函数
    //非静态成员函数 show1()
    void show1() { cout << X << ", " << Y << ", " << count << endl; }
```

```
    //静态成员函数 show()，输出静态数据成员的值
    static void show() { cout << count << endl;}
private:
    int X, Y;            //数据成员
public:
    static int count;    //静态数据成员
};
int CPoint::count = 0;  //初始化静态数据成员 count，注意这里无 static 关键字
//主函数
int main()
{
    CPoint d1,d2(3,4);
    cout << CPoint::count << endl; //访问 public 静态数据成员
    CPoint::show();                     //调用 public 静态成员函数
    d2.show1();            //调用对象 d2 的非静态成员函数
    return 0;
}
```

运行结果：

```
2
2
3, 4, 2
```

在上面的例子中，在类中声明了一个 public 静态数据成员 count，在类体外将其初始化为 0。每建立一个类对象，调用构造函数时，不仅对两个非静态数据成员初始化，还使 count 的值加 1。类中还定义了静态成员函数 show()，用来输出静态数据成员 count 的值，注意，该函数不能直接访问非静态成员，而非静态成员函数可以直接访问静态或非静态成员。在本例中，通过非静态成员函数 show1()输出对象的 X、Y、count 值。

4.5 常成员

在定义类时可以将成员声明为const 成员，包括常数据成员和常成员函数。

4.5.1 常数据成员

在定义类时，常数据成员的声明格式如下：

    const 数据类型 数据成员名;

我们已经知道在定义常量时必须初始化，那么类对象的 const 数据成员是如何被初始化的呢？是在构造函数的成员初始化列表中进行的。建立类对象，调用构造函数时，首先要执行成员初始化列表中的内容，然后才执行函数体内的内容。对象建立以后，其 const 数据成员的值就不再改变了。

另外，如果类中包含引用型数据成员和其他类类型的数据成员，其初始化工作也必须在构造函数的成员初始化列表中进行。普通数据成员的初始化工作既可以在列表中，也可

以在构造函数体内进行。数据成员在初始化列表中的初始化顺序与它们在类中的声明顺序有关，而与它们在初始化列表中给出的顺序无关。

静态数据成员（包括 static const 数据成员等）必须在类体外被初始化，例如：

```
class A
{
public:
    A(int i): a(i), b(a), c1(a) { }            //构造函数
private:
    int a;                      //一般数据成员
    int& b;                     //引用型数据成员
    const int c1;               //常数据成员
    static const int c2;        //静态常数据成员
};
const int A::c2 = 8;            //静态数据成员必须在类体外初始化
```

注 意

对于同一类的多个对象，它们的初值可以不同，这些对象的 const 数据成员的值也就可以不同。const 数据成员的值一旦被初始化后就不能再修改了。

由于创建类对象时，常数据成员和引用型数据成员必须进行初始化，所以包含这类数据成员的类定义也就不能使用编译器生成的默认构造函数。

4.5.2　常成员函数

若在类中将成员函数声明为 const 函数，则意味着这样的成员函数只能使用数据成员，而不能修改任何数据成员的值，其声明格式如下：

函数返回类型　成员函数名(参数列表) const;

其中，关键字 const 放在函数参数列表的后边，它是函数类型的一部分，不可以省略。如果将常成员函数定义在类体外，则不论是类内声明还是类外定义，都不能省略关键字 const。

在 const 成员函数内不能调用非 const 成员函数，但在非 const 成员函数内可以调用 const 成员函数。

若声明一个类对象为 const 对象，则只能调用该对象的公有 const 成员函数，而不能调用非 const 成员函数。

例 4-16. 常成员。

```
//**************************************************
//例 4-16. 常成员
//ex4-16.cpp
//**************************************************
#include <iostream>
using namespace std;
```

```
//A 类中包含常成员
class A
{
public:
    A(int i): a(i), b(a), c1(a) { }        //构造函数
    void f1() { a = 5; f2(); }             //非 const 成员函数
    void f2() const                        //const 成员函数
    { cout << a << ", " << b << ", " << c1 << ", " << c2 << endl; }
private:
    int a;
    int& b;
    const int c1;
    static const int c2;
};
const int A::c2 = 8;                        //静态数据成员必须在类体外初始化
//主函数
int main()
{
    const A obj1(2);      //建立 constA 类的对象 obj1
    obj1.f2();            //只能调用 const 成员函数
    A obj2(2);            //建立 A 类的对象 obj2
    obj2.f2();            //调用 const 成员函数
    obj2.f1();            //调用非 const 成员函数
    return 0;
}
```

输出结果：
```
2, 2, 2, 8
2, 2, 2, 8
5, 5, 2, 8
```

在上面的类定义中，f1()是非 const 成员函数，函数体内可以使用所有数据成员，也可以修改非 const 数据成员 a 的值，可以调用 const 成员函数；而 f2()是 const 成员函数，只可以使用数据成员，而不能修改它们的数值，函数内不能调用非 const 成员函数。

在主函数中建立了 const A 类的对象 obj1，只能调用该对象的公有 const 成员函数，而不能调用非 const 成员函数。若定义的是非 const 对象，则可以调用该对象的任意公有成员函数。

4.5.3 mutable

若定义类时声明一个数据成员是 mutable 的（如 mutable int a;），则表示其值是可以改变的。这时即使是 const 成员函数，也可以修改 mutable 数据成员的值。实际上 mutable 并不常用。

例 4-17. mutable 数据成员。
```
//****************************************************
```

```
//例4-17. mutable 数据成员
//ex4-17.cpp
//*********************************************************
#include <iostream>
using namespace std;
//类定义
class M
{
public:
    M(int i): b(i) { }
    int Incb() const { return ++b; } //常成员函数
private:
    mutable int b;  //mutable 数据成员
};
//主函数
int main()
{
    M obj(10);
    cout << obj.Incb() << endl;
    return 0;
}
```
运行结果:
    11

4.6　指向成员的指针

4.6.1　成员指针的定义与使用

可以通过指向成员的指针（简称为成员指针），来访问类对象的成员。

C++专门为成员指针准备了三个运算符："::*"用于声明成员指针，而"->*"和".*"用来通过成员指针访问对象的成员。

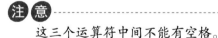

这三个运算符中间不能有空格。

例 4-18. 成员指针。
```
//*****************************************************
//例4-18. 成员指针
//ex4-18.cpp
//*****************************************************
#include <iostream>
using namespace std;
```

```
//类定义
class A
{
public:
    int a, b;            //注意数据成员是 public 的
    void fun(int i) { cout << "fun(int): " << i << endl;}
};
//主函数
int main()
{
    A obj;                       //声明一个 A 类对象
    int A::* pa = &A::a;         //定义数据成员指针 pa，初始化指向 A::a
    obj.*pa = 8;                 //通过数据成员指针 pa 修改对象 obj 中的 a 的值
    cout << obj.a << ", ";
    pa = &A::b;                  //让 pa 指向 A::b
    obj.*pa = 9;                 //通过 pa 修改对象 obj 中的 b 的值
    cout << obj.b << ", ";
    A* pA = &obj;                //定义指向 A 类对象的指针 pA，初始化指向 obj
    pA->*pa = 10;                //通过数据成员指针 pa 修改 pA 所指对象的 a 值
    cout << obj.a << endl;
    void (A::* pf)(int) = A::fun; //定义成员函数指针 pf，初始化指向 A::fun
    (obj.*pf)(15);               //通过成员函数指针 pf 调用对象 obj 的成员函数
fun()
    (pA->*pf)(18);               //通过成员函数指针 pf 调用 pA 所指对象的成员函数
fun()
    return 0;
}
```

运行结果：

```
8, 9, 8
fun(int): 15
fun(int): 18
```

在上面的例子中，pa 被定义为指向 A 类 int 型数据成员的成员指针，被初始化指向 A::a，由于数据成员 A::a 是公有的，因此可以通过 pa 修改 obj 中的 a 的值。由于 A::b 与 A::a 类型相同，因此 pa 可以再指向 A::b，并通过 pa 修改 obj 中的 b 的值。pA 是指向 A 类对象的普通指针。pf 是成员函数指针，可以指向 A 类中带一个 int 型参数、返回类型为 void 的成员函数。

虽然可以让普通的数据指针指向类对象的数据成员，如定义指针 p：

```
int* p = &obj.a;
```

但是 p 和 pa 的类型是不一样的，注意 pa 是成员指针，只能指向 A 类对象中的 int 数据成员；而 p 可以指向任意 int 型对象。

另外，通过成员函数指针调用成员函数时，前面的括号不能少，因为 ".*" 和 "->*" 的优先级比较低，必须把它们和两边要结合的元素放到一个括号里面，否则不能通过编译。

实际编程时我们很少使用成员指针，也就很少用到运算符"::*"、".*"和"->*"。

4.6.2　如何得到成员函数的地址

我们知道，一般外部函数的函数名就代表函数的入口地址，利用"cout<<"输出函数名（或函数指针名）就可以在屏幕上看到该地址。但是通过这种方式得不到成员函数的地址，那么利用成员函数指针是否就可以得到呢？

由于每个成员函数的类型都是一个独有的特殊类型，无法转换为任何其他类型，因此利用成员函数指针也得不到成员函数的地址。如果非要得到成员函数的地址不可，可以使用 union 类型来逃避类型转换检测。定义如下的函数模板（关于函数模板的定义见第 8 章）：

```
template <typename ToType, typename FromType>
void GetMemberFunAddr(ToType& addr, FromType f)
{
    union               //无名联合
    {
        FromType Tf;
        ToType Tt;
    }ut;
    ut.Tf = f;
    addr = ut.Tt;
}
```

要想得到 A 类中成员函数 fun()的地址，使用：

```
int Addr;        //存放成员函数的地址
GetMemberFunAddr(Addr, &A::fun);
```

这样成员函数的地址就存放在 int 型变量 Addr 中。采用模板的目的是：使类型具有通用性，特别是函数的第二个参数，适用于各种类型的成员函数。

例 **4-19**. 得到成员函数的地址。

```
//****************************************************
//例 4-19．得到成员函数的地址
//ex4-19.cpp
//****************************************************
#include <iostream>
using namespace std;
//函数定义
void f() { }                  //外部函数
//模板定义
template <typename ToType, typename FromType>
void GetMemberFunAddr(ToType& addr, FromType f)
{
    union
    {
```

```
        FromType Tf;
        ToType   Tt;
    }ut;
    ut.Tf = f;
    addr = ut.Tt;
}
//类定义
class A
{
public:
    int a;
    void fun(int i) { cout << "fun(int)" << endl; }
};
//主函数
int main()
{
    int Addr;                //存放成员函数的地址
    GetMemberFunAddr(Addr, &A::fun);
    cout << hex << Addr << endl;    //按十六进制数输出
    cout << f << endl; //输出外部函数的地址
    return 0;
}
```
运行结果：
```
004011D1
004011CC
```

4.7 组合类

在定义一个新类时，其数据成员可以是任意数据类型的，甚至是其他类类型的。例如，在下面的 B 类定义中，包含了两个 A 类的数据成员，我们可以称 B 为组合类。

例 4-20.组合类。
```
//****************************************************
//例 4-20.组合类
//ex4-20.cpp
//****************************************************
#include <iostream>
using namespace std;
//A 类的定义
class A
{
public:
    A(int i = 0) { a = i; cout << "A::Constructor."<< a <<endl; }
    void print() const { cout << a << ", " ; }
```

```
        ~A() { cout << "A::Destructor." << a << endl; }
    private:
        int a;
};
//组合类的定义
class B
{
public:
    B(int i, int j, int k): oa2(i), oa1(j)
        { b = k; cout << "B::Constructor. " << b << endl; }
    void print() const {oa1.print(); oa2.print(); cout << b << endl; }
    ~B() { cout << "B::Destructor." << b << endl; }
private:
    A oa1, oa2;        //此处声明了两个 A 类的数据成员
    int b;
};
//主函数
int main()
{
    B ob(6, 7, 8);  //建立 B 类的对象 ob
    ob.print();
    return 0;
}
```

运行结果：

```
A::Constructor.7
A::Constructor.6
B::Constructor.8
7, 6, 8
B::Destructor.8
A::Destructor.6
A::Destructor.7
```

在建立 B 类对象 ob 时，利用提供的三个实参 6、7、8 初始化 ob 的数据成员。由于 B 类的对象 ob 中包含两个 A 类的对象（嵌入式子对象）。当对 ob 初始化时，其构造函数的成员初始化列表中应该包含对两个子对象的初始化操作，即调用它们的构造函数。

总之，const 数据成员、引用型数据成员、类类型成员的初始化操作必须在组合类构造函数（包括复制构造函数等重载形式）的成员初始化列表中进行。

当调用组合类的构造函数时，首先执行成员初始化列表中的操作，然后执行函数体内的操作。初始化列表中的初始化是按照数据成员在类中声明的顺序进行的，而与它们在列表中出现的顺序无关。

有时在组合类构造函数的成员初始化列表中，并没有明显写出类类型成员的构造函数，这时实际上要调用默认构造函数。如果没有默认构造函数可供使用，则程序编译时会报错。

从上面的结果可以看出，调用析构函数的顺序与调用构造函数的顺序相反。

由于 oa1 和 oa2 是 B 类的两个私有成员，因此在类外不能访问。若在 B 类的定义中将 oa1 声明为 public 的，则在主函数中可以通过 B 类对象 ob 访问子对象 oa1 中的 public 成员，形式如下：

```
ob.oa1.print();
```

4.8　友元

类具有封装性。类对象中的私有数据一般只能通过该对象的成员函数才能访问。这种限制使不同对象间的协同操作开销较大。为了提高程序的运行效率，有时可以为一个类声明友元（friend），包括友元函数和友元类，友元可以访问该类的所有成员。

4.8.1　友元函数

在类定义中，可以通过关键字 friend 声明一个函数为类的友元函数，从而使该函数可以访问类的所有成员。

注意

一个类的友元函数虽然可以访问该类的成员，但并不是该类的成员函数。声明友元函数时也就不受 private、protected 和 public 的限制。

下面例子中的友元函数是一个外部函数。

例 4-21. 外部函数做友元函数。

```cpp
//*****************************************************
//例 4-21. 外部函数做友元函数
//ex4-21.cpp
//*****************************************************
#include <iostream>
using namespace std;
//类定义
class CPoint
{
public:
    CPoint(int x = 0, int y = 0) { X = x; Y = y; }      //成员函数
    void show(){ cout << X << ", " << Y << endl; }       //成员函数
    friend void show(CPoint& t){ cout << t.X << ", " <<t.Y << endl; }
    //友元函数
private:
    int X, Y;        //数据成员
};
//主函数
int main()
```

```
{
    CPoint d(4, 5);  //建立对象 d
    d.show();         //调用 d 的成员函数，输出其 X、Y 的值
    show(d);          //调用友元函数，输出 d 的私有成员 X、Y 的值
    return 0 ;
}
```

运行结果:

```
4, 5
4, 5
```

在上面的例子中定义了两个 show()函数，注意这是两个不同的函数。第一个是类的成员函数，第二个是一个外部函数，而不是成员函数。如果在类的内部只对这两个函数进行声明，而在类体外给出这两个函数的定义，则它们的定义形式分别如下:

```
void CPoint::show()          //CPoint 类的成员函数定义
{
    cout << X << ", " << Y << endl;
}
void show(CPoint& t)         //友元函数定义
{
    cout << t.X << ", " << t.Y << endl;
}
```

例 4-22. 利用友元函数计算两点之间的距离。

```
//********************************************************
//例 4-22．利用友元函数计算两点之间的距离
//ex4-22.cpp
//********************************************************
#include <iostream>
#include <cmath>
using namespace std;
//类定义
class CPoint
{
public:
    CPoint(double x = 0, double y = 0) { X = x; Y = y; }
    friend double distance(CPoint& r1, CPoint& r2)  //友元函数
    {
        double dx = r1.X - r2.X;
        double dy = r1.Y - r2.Y;
        return sqrt(dx * dx + dy * dy);
    }
private:
    int X, Y;        //数据成员
};
//主函数
int main()
```

```
{
    CPoint a1(4.5, 5.5), a2(3.3, 6.5);    //建立对象
    cout << distance(a1, a2) << endl;
    return 0 ;
}
```

运行结果：

```
1.41421
```

同一个函数可以被声明为多个类的友元。

例 4-23. 同一个函数做多个类的友元。

```
//**********************************************************
//例 4-23. 同一个函数做多个类的友元
//ex4-23.cpp
//**********************************************************
#include <iostream>
using namespace std;
//提前使用声明
class Student;
//Teacher 类定义
class Teacher
{
public:
    Teacher(int i) { number = i; }
    friend int TotalNumber(Teacher& t, Student& s);
private:
    int number;
};
//Student 类定义
class Student
{
public:
    Student(int i) { number = i; }
    friend int TotalNumber(Teacher& t, Student& s);
private:
    int number;
};
//函数定义
int TotalNumber(Teacher& t, Student& s)
{
    return(t.number+s.number);
}
//主函数
int main()
{
```

```
    Teacher n1(100);
    Student n2(600);
    cout << "The total number: " << TotalNumber(n1, n2) << endl;
    return 0;
}
```

运行结果:

```
The total number: 700
```

也可以把另一个类的成员函数声明为当前类的友元函数。在下面的例子中,Display
类中的成员函数 show()在 CPoint 类中被声明为友元函数。

例 4-24. 声明其他类的成员函数为友元函数。

```
//****************************************************
//例 4-24. 声明其他类的成员函数为友元函数
//ex4-24.cpp
//****************************************************
#include <iostream>
using namespace std;
//声明提前使用 CPoint
class CPoint;
//类 Display 的定义
class Display
{
public:
    void show(CPoint& t);      //Display::show()成员函数声明
};
//类 CPoint 的定义
class CPoint
{
public:
    CPoint(int x = 0, int y = 0) { X = x; Y = y; }
    friend void Display::show(CPoint& t);
                                //声明 Display::show()为 CPoint 类的友元
private:
    int X, Y;        //数据成员
};
//Display::show()成员函数定义
void Display::show(CPoint& t) {cout << t.X << ", " << t.Y << endl;}
//主函数
int main()
{
    CPoint d(4, 5);    //建立 CPoint 型对象 d
    Display op;        //建立 Display 型对象 op
    op.show(d);        //通过 op 的成员函数输出 d 的 X、Y 的值
    return 0 ;
}
```

运行结果：

```
4, 5
```

在主函数中可以通过 Display 类对象 op 的成员函数输出 CPoint 类对象 d 的 X 、Y 的值。注意，Display 类中成员函数 show()的定义要放在两个类定义之后。由于 Display 类定义中用到了 CPoint，而 CPoint 类定义在后，所以要进行 Cpoint 类的提前使用声明，另外，由于 Display::show()中用到了 CPoint 类成员，而 CPoint 类定义在 Display 类之后，所以 Display::show()的实现部分应放在 CPoint 类定义之后。总之，标识符要满足"先声明、后使用"的原则。

4.8.2　友元类

也可以声明某个类为另一个类的友元。友元类的每个成员函数都可以访问另一个类中的所有成员。如果 B 类是 A 类的友元类，那么要求 B 类必须在 A 类之前进行声明或者定义。声明友元类的格式如下：

```
class A
{
    friend class B;    //声明 B 类是 A 类的友元类
    //...
};
```

例 4-25. 友元类。

```
//********************************************************
//例 4-25. 友元类
//ex4-25.cpp
//********************************************************
#include <iostream>
using namespace std;
//提前声明
class Display;
//CPoint 类定义
class CPoint
{
public:
    CPoint(int x = 0, int y = 0) { X = x; Y = y; num += 1; }
private:
    int X, Y;
    static int num;
    friend class Display;          //声明 Display 类为友元类
};
int CPoint::num = 0;              //静态数据成员初始化
//Display 类定义
class Display
{
public:
```

```
        void Print(CPoint& r) { cout << r.X << ", " << r.Y << endl; }
        void Show()
        {
            cout <<"The number of CPoint objects: "<< CPoint::num << endl; }
    private:
        CPoint a;//CPoint 类的数据成员
    };
    //主函数
    int main()
    {
        CPoint c1(1, 2), c2(3, 4);
        Display d;
        d.Print(c1);
        d.Print(c2);
        d.Show();
        return 0;
    }
```

运行结果：

```
    1, 2
    3, 4
    The number of CPoint objects: 3
```

　　上例中，由静态数据成员 CPoint::num 统计创建 CPoint 类对象的个数。由于 Display 中包含一个 CPoint 类的数据成员，在建立 Display 类对象 d 时要自动调用 Display 类的默认构造函数（由编译器产生），这时首先要自动调用 Cpoint 类的默认构造函数建立子对象 a。因此结果中输出的 CPoint 类对象的个数是 3。

　　面向对象程序设计的一个基本原则是封装性和信息隐藏，而友元却可以访问类中的私有成员，因此友元实际上破坏了类的封装性，但使用友元可以提高程序的执行效率。在实际编程时，应兼顾双方面的性能要求。

4.9　小结

　　类是一种复杂的数据类型，它将不同类型的数据和对这些数据的操作封装成为一个整体，构成一种新的数据类型。类是抽象的，类对象是具体的，类对象是类的实例。

　　数据成员体现类的属性，成员函数体现类的行为。类成员由 private、protected、public 决定其访问属性。public 成员是类对象与外界联系的接口。在类的外部不能访问类的 private 成员。

　　构造函数在创建和初始化对象时自动调用。析构函数在对象作用域结束时自动调用。构造函数可以重载，而析构函数没有参数，不能重载。

　　复制构造函数的作用是利用已有的对象去初始化新建对象。赋值函数的作用是将一个已有对象的值赋给另一个已有对象。

　　静态数据成员和静态成员函数是依赖于类的，与是否建立对象无关。静态数据成员在类体外被初始化。一个类的静态成员函数只能访问本类中的静态数据成员，而不能访问非静态数据成员。

类中的 const 数据成员、引用型数据成员和其他类类型的数据成员，只能在构造函数的成员初始化列表处进行初始化。const 成员函数只能使用数据成员，但不能修改数据成员的值；const 成员函数内不能调用另一个非 const 成员函数。

创建对象时，其 const 数据成员的值经初始化后就不再改变。如果在主函数内创建了一个 const 对象，则只能调用该对象的公有 const 成员函数，而不能调用其非 const 成员函数。

类的友元可以访问该类的所有成员，但友元不是该类的成员。友元类的所有成员函数都是友元函数。

习　题　4

1．参考本书中的例子，设计并测试 CPoint 类，满足如下要求。

（1）成员变量 x、y 表示点的坐标。

（2）成员函数 Getx()返回该点的横坐标。

（3）成员函数 Gety()返回该点的纵坐标。

2．设计描述一元二次方程 $ax^2+bx+c=0$ 的类 CQuadEq，数据成员包括三个方程系数、判别式 d 及表示方程根的变量 x1 和 x2，成员函数包括求根 FindRoot()、显示根 Show()。主函数中设计简单的菜单选项：若是 y 或 Y，则输入三个系数并显示方程的根；若是 n，则退出；若是其他字符，则需重新输入。

3．设计学生类 Student，基本信息包括姓名 name（string）、学号 number（unsigned int）和分数 score（double）；两个静态数据成员 totalscore（总分）及 totalnumber（学生人数）；静态成员函数 Average()用来求平均分数，成员函数 Set()用来设置数据，成员函数 Show()用来显示姓名、学号和分数。要求定义复制构造函数和赋值函数。注意 totalscore 和 totalnumber 在构造函数、赋值函数及 Set()中的变化情况。在主函数中建立三个 Student 对象，并输出他们的信息和成绩的平均值。

4．设计并测试一个圆（Circle）类。属性包括常量 pi、半径 radius、圆周长和面积。要求定义构造函数（以半径为参数，默认值为 0），和复制构造函数，周长和面积在构造函数中生成，设置半径并重新计算周长和面积，在屏幕上打印出半径、周长和面积。

5．组合类及多文件程序练习。将第 1 题中的 CPoint 类定义作为组件单独保存。新定义一个矩形 CRectangle 类，L、H 表示矩形的长和宽，内含一个 CPoint 类的数据成员，成员函数 GetL()返回矩形的长，GetH()返回矩形的宽，Perimeter()用于计算矩形的周长，Area()用于计算矩形的面积，要求定义 Getx()及 Gety()。将 CRectangle 类定义也作为组件（包括.h 文件和.cpp 文件）单独保存。在另一个.cpp 文件中设计主函数，对 CRectangle 类的功能进行测试。

6．设计三角形类 Triangle，给定三角形的三条边长 x、y、z，成员函数 IsTrig()用来判断是否是三角形，定义私有的求三角形面积成员函数 Area()。类的友元函数 SumArea()用于计算两个三角形面积之和。设计主函数进行测试。

第 5 章

运算符重载

内容提要

C++为基本类型的数据提供了丰富的运算符集，使我们可以用一种简洁的方式操作数据。对于类类型的对象，不能直接使用这些运算符，需要在定义类时对它们进行重载。

本章讨论运算符重载的概念、规则及两种重载形式，给出几种特殊运算符的重载方法与应用实例，介绍函数对象的概念及应用。

5.1 运算符重载的概念

前面我们学习了函数重载的概念，函数重载也就是赋予函数名新的含义，使它对应一种新的操作方式。C++运算符实际上也是函数名，如加法运算符，其函数名可以写为"operator+"。运算符重载也就是赋予运算符新的含义，使之适用于新的数据类型。

C++预定义的运算符只能操作基本数据类型的对象，例如，对于 int 型的对象 a 和 b，求和表达式可以直接写为"a+b"。但是对于类类型的对象，除非重载了运算符函数 operator+()，否则不能直接使用类似的表达方式。

例如，对于两个 CPoint 类型的对象 obj1 和 obj2，虽然可以通过定义一般函数如 Add() 来实现 obj1 和 obj2 的相加运算，但我们仍然希望能够像基本数据类型那样将表达式写为我们熟悉的形式：obj1+obj2。解决方法就是在定义类 CPoint 时，对运算符函数 operator+() 进行重载。

运算符函数重载的声明格式一般如下：

> 函数返回类型 operator 运算符 (形参列表)；

其中，operator 是关键字，重载运算符时都要使用，后面的"运算符"代表 C++预定义的运算符。

函数名是由 operator 和运算符组成的，如 operator+。

5.2　运算符重载的规则

在 C++的已有运算符中，除少数几个运算符外，大多数运算符都可以重载。下面的运算符不能重载：

.	成员访问运算符
.*	成员指针访问运算符
::	作用域运算符
sizeof	求字节数运算符
typeid	类型识别
?:	条件运算符

C++不允许用户定义新的运算符，只可以对已有的运算符进行重载，而且重载不会改变运算符操作对象的个数，也就是说，一元运算符重载后仍然是一元运算符，二元运算符重载后仍然是二元运算符。另外，重载后运算符的优先级及结合性也不会改变。

可以看出，运算符重载函数与一般函数的一个显著区别是：前者的参数个数一般只能是一个或者两个，而一般函数参数的个数没有限制。运算符重载函数的形参不能带有默认值，否则就意味着改变运算符参数的个数。

虽然重载允许改变函数的功能，但应当使运算符重载后的功能与重载前的功能类似，以免影响程序的可读性。

一般来说，操作数是类对象的运算符都应该由用户重载。但取地址运算符"&"可以直接使用，不用自己重载；赋值运算符"="有时不用重载，因为系统可以提供一个默认的赋值函数，特殊情况下则需要用户重新定义。

5.3　运算符重载的两种形式

重载运算符的目的是：对于有类对象参与的运算，使其表达式看起来像基本类型数据那样一目了然，与我们熟悉的数学表达形式一致。因此，运算符应该被重载为类的成员或友元函数，这样才能直接访问类的私有数据成员。

5.3.1　重载为类的成员函数

下面我们定义一个复数类 Complex。以一元运算符取负（-）和二元运算符减（-）为例，来说明将一元运算符和二元运算符重载为成员函数的方法。一元取负运算符的功能是对一个复数对象的实部和虚部取反，二元减运算符的功能是求两个复数对象的实部之差与虚部之差。

由于类的非静态成员函数都隐含一个 this 参数，因此当调用对象的成员函数时，this 被自动初始化指向当前的对象。表面上看，一元运算符成员函数不带参数，二元运算符成员函数带一个参数，该参数是右操作数（运算符右侧的操作数），左操作数由 this 提供。

例 **5-1**. 运算符重载为类的成员。

```cpp
//************************************************
//例 5-1. 运算符重载为类的成员
//ex5-1.cpp
//************************************************
#include <iostream>
using namespace std;
//类的声明
class Complex
{
public:
    Complex(double r = 0, double i = 0);
    const Complex operator -(const Complex& c); //二元减运算符
    const Complex operator -();                 //一元取负运算符
    void Show() const;
private:
    double real, image;
};
//类的实现
Complex::Complex(double r,double i)
{
    real = r;
    image = i;
}
const Complex Complex::operator -(const Complex& c)
{
    double r = real - c.real;
    double i = image - c.image;
    return Complex(r, i);
}
const Complex Complex::operator -()
{
    return Complex(-real,-image);
}
void Complex::Show() const
{
    cout << "("<<real<<","<<image<<")" << endl;
}
//主函数
int main()
{
    Complex c1(2.5, 3.7), c2(4.2, 6.5);
    Complex c;
```

```
        c = c1 - c2;            //c = c1.operator-(c2);
        c.Show();
        c = -c1;                //c = c1.operator-();
        c.Show();
         return 0;
    }
```

运行结果：

```
    (-1.7, -2.8)
    (-2.5, -3.7)
```

程序执行减运算"c1-c2;"时，实际上是以对象 c2 为实参、调用对象 c1 的二元减运算成员函数，即"c1.operator-(c2);"。同理，执行取负运算"-c1;"时，实际上是调用对象 c1 的一元取负成员函数，即"c1.operator-();"。

在函数返回类型前加 const，表示函数的返回值是常量，则函数调用不能作为左值，因为左值意味着可以被改变。

5.3.2 重载为类的友元函数

运算符还可以重载为类的友员函数。由于友元函数不是类的成员函数，因此没有 this 指针。这时，一元运算符友元函数应带一个参数，二元运算符友元函数应带两个参数。

将例 5-1 的运算符重载函数改为友元的形式，运行结果与例 5-1 一样。

例 5-2. 运算符重载为类的友元。

```
    //*****************************************************
    //例 5-2. 运算符重载为类的友元
    //ex5-2.cpp
    //*****************************************************
    #include <iostream>
    using namespace std;
    //类的声明
    class Complex
    {
    public:
        Complex(double r = 0, double i = 0);
        friend const Complex operator -
                         (const Complex& c1, const Complex& c2);
        friend const Complex operator -(const Complex& c);
        void Show() const;
    private:
        double real, image;
    };
    //类的实现
    Complex::Complex(double r,double i)
```

```
{
    real = r;
    image = i;
}
const Complex operator -(const Complex& c1, const Complex& c2)
{
    double r = c1.real - c2.real;
    double i = c1.image - c2.image;
    return Complex(r, i);
}
const Complex operator -(const Complex& c)
{
    return Complex(-c.real, -c.image);
}
void Complex::Show() const
{
    cout << "("<<real<<", "<<image<<")" << endl;
}
//主函数
int main()
{
    Complex c1(2.5, 3.7), c2(4.2, 6.5);
    Complex c;
    c = c1 - c2;        //c = operator -(c1, c2);
    c.Show();
    c = -c1;            //c = operator -(c1);
    c.Show();
    return 0;
}
```

运行结果：

```
(-1.7, -2.8)
(-2.5, -3.7)
```

程序执行减运算"c1–c2;"时，实际上是以对象 c1 和 c2 为实参、调用二元减友元函数，即"operator–(c1, c2);"。同样道理，执行取负运算"–c1;"时，实际上是调用一元取负友元函数，即"operator–(c1);"。

5.3.3 两种重载方式讨论

从上面的例子可以看出，运算符的两种重载形式都可以实现我们需要的功能，而且主函数中执行运算的表达方式是一样的。但是成员函数和友元函数是不同的。从表面上看，友元函数比成员函数多一个形参，友元函数的参数对应参与运算的操作数。实际上，成员函数所在的对象就是第一个操作数，成员函数如果带参数则是第二个操作数。

虽然有些运算符既可以重载为成员函数，又可以重载为友元函数。一般而言，应将一元运算符重载为成员函数，将二元运算符重载为友元函数。若运算符的第一个操作数为类对象，则运算符可以重载为成员函数。"()""[]""->""->*""="必须重载为成员函数。

若运算符有一个操作数不是当前的类类型，则运算符应重载为友元函数。例如，要计算（7.53-c1）的值，其中 c1 是 Complex 类对象。当利用例 5-1 中的成员函数重载形式时，该表达式被解释为：

```
7.53.operator -(c1)
```

由于 7.53 不是一个 Complex 类对象，这显然是错误的。

如果利用例 5-2 中的友元函数重载形式，该表达式被解释为：

```
operator -(Complex(7.53), c1)
```

这个结果是合法的。在参数传递的过程中，首先调用转换构造函数将 7.53 转换为 Complex 类型的。

将上面的讨论总结一下，如表 5-1 所示。

表 5-1　运算符重载方式

运　算　符	重　载　方　式
一元运算符	建议重载为成员函数
= () [] -> ->*	必须重载为成员函数
复合赋值，如+=、-=、*=、/=、%=、^=、&=、|=、>>=、<<=	建议重载为成员函数
其他二元运算符	建议重载为友元函数

5.4　特殊运算符重载举例

5.4.1　类型转换运算符

我们已经知道，类的转换构造函数可以将数据由其他类型转换为当前的类类型。反过来，如果想将数据由当前的类类型转换为其他类型，需要将类型转换运算符"()"重载为类的成员函数。其声明形式为：

```
类名::operator Type();        //类型转换成员函数
```

该语句声明将数据由当前的类类型转换为 Type 类型，其中 Type 表示要转换的类型。

该成员函数没有参数，没有返回类型，但函数体内必须有返回 Type 类型值的语句。

例 5-3. 类型转换运算符重载。

```
//*****************************************
//例 5-3. 类型转换运算符重载
//ex5-3.cpp
//*****************************************
```

```
#include <iostream>
using namespace std;
//类定义
class Complex
{
public:
    Complex(double r = 0, double i = 0) { real = r; image = i; }
    operator int(){ return int(real); }     //将对象由 Complex→int
private:
    double real, image;
};
//主函数
int main()
{
    Complex c(3.5, 5.5);
    cout << int(c) << endl;     //c.operator int();
    return 0;
}
```

运行结果：

    3

在执行"int(c)"时，实际上是调用对象 c 的类型转换成员函数，即"c.operator int()"。

5.4.2　复合赋值运算符

第 4 章已经介绍了赋值运算符的重载方法。假设在类定义中，重载了赋值运算符"="和加法运算符"+"，那么复合赋值运算符"+="是不是就可以直接使用呢？答案是否定的。要想使"+="适用于类对象，必须单独进行重载，其他复合赋值运算符也一样。

例 5-4. 复合赋值运算符重载。

```
//*****************************************************
//例 5-4. 复合赋值运算符重载
//ex5-4.cpp
//*****************************************************
#include <iostream>
using namespace std;
//类的声明
class Complex
{
public:
    Complex(double r = 0, double i = 0);
    Complex& operator += (const Complex& c);     //复合赋值运算
    void Show() const;
private:
```

```
    double real, image;
};
//类的实现
Complex::Complex(double r,double i)
{
    real = r;
    image = i;
}
Complex& Complex::operator +=(const Complex& c)
{
    real = real + c.real;
    image = image + c.image;
    return *this;
}
void Complex::Show() const
{
    cout << "("<<real<<", "<<image<<")" << endl;
}
//主函数
int main()
{
    Complex c1(2.5, 3.7), c2(4.2, 6.5);
    c1 += c2;        //c1.operator +=(c2);
    c1.Show();
    return 0;
}
```

运行结果：

(6.7, 10.2)

在执行"c1+=c2;"时，实际上是以 c2 为实参、调用对象 c1 的运算符重载函数，即"c1.operator +=(c2);"。

5.4.3 自增和自减运算符

自增运算符"++"和自减运算符"——"都有前置和后置两种情况。下面以自增运算符为例，介绍两种情况的重载方法。自减与自增类似，不再赘述。

对于"int a=3;"，++a 的含义是"a 的值先加 1 再被使用"，a++的含义是"先使用 a 的原值然后 a 再加 1"。重载前置自增和后置自增时，应该保持原来的含义不变。

前置自增与后置自增重载为成员函数的声明形式分别为：

```
    const 类名&  类名::operator ++();      //前置++重载为成员函数的声明形式
    const 类名   类名::operator ++(int);  //后置++重载为成员函数的声明形式
```

C++规定，将后置一元运算符重载为成员函数时，带一个 int 型参数，该参数在函数体内并不使用，其作用只是为了和前置运算符区分开。

例 5-5. 自增运算符重载。

```cpp
//************************************************************
//例 5-5. 自增运算符重载
//ex5-5.cpp
//************************************************************
#include <iostream>
using namespace std;
//类定义
class  Increase
{
public:
    Increase (int val = 0) { value = val; }
    const Increase& operator ++();          //prefix
    const Increase operator ++(int);        //postfix
    void  Show() const { cout << value << endl; }
private:
    int value ;
};
const Increase& Increase::operator++()      //prefix
{
    ++value;
    return *this;
}
const Increase Increase::operator++(int)        //postfix
{
    Increase temp(*this);
    value++;
    return temp;
}
//主函数
int main()
{
    Increase a(10), b(10), c;
    c = ++a;                    //c = a.operator++();
    cout << "a: "; a.Show();
    cout << "c: "; c.Show();
    c = b++;                    //c = b.operator++(0);
    cout << "b: "; b.Show();
    cout << "c: "; c.Show();
    return 0;
}
```

运行结果:

```
a: 11
c: 11
```

```
    b: 11
    c: 10
```

在执行"++a"时，实际上是调用对象 a 的前置自增重载函数，即"a.operator++()"；在执行"b++"时，实际上是调用对象 b 的后置自增重载函数，即"b.operator++(0)"，这时应提供一个实参，可以是任意整数。

5.4.4 流提取运算符和流插入运算符

在标准库的 istream 类中重载了流提取（第 1 章中我们称为输入）运算符（>>），ostream 类中重载了流插入（第 1 章中我们称为输出）运算符（<<），这两个运算符的重载函数可以完成从 istream 对象提取和向 ostream 对象插入基本类型数据的功能，但不能提取和插入类对象数据。如果希望能够提取和插入类对象数据，需要在定义类时重载这两个运算符。下面通过例子说明如何进行重载。

例 5-6. 流提取运算符和流插入运算符重载。

```cpp
//********************************************************
//例 5-6. 流提取运算符和流插入运算符重载
//ex5-6.cpp
//********************************************************
#include <iostream>
using namespace std;
//类的定义
class Complex
{
public:
    Complex(double r = 0, double i = 0);
    friend ostream& operator << (ostream& ost, const Complex& c);
                                        //重载<<为友元
    friend istream& operator >> (istream& ist, Complex& c);
                                        //重载>>为友元
private:
    double real, image;
};
//类的实现
Complex::Complex(double r, double i)
{
    real = r;
    image = i;
}
ostream& operator <<(ostream& ost, const Complex& c)
{
    ost << "(" <<c.real <<", " <<c.image <<")" << endl;
                                        //ost 为 ostream 类对象
    return ost;
```

```
}
istream& operator >> (istream& ist, Complex& c)
{
    cout << "请输入复数, 如(2.5, 3.5): " << endl;
     char ch;
     ist >> ch >> c.real >> ch >> c.image;  //ist 为 istream 类对象
return ist;
}
//主函数
int main()
{
    Complex a;   //建立 Complex 类对象 a
    cin >> a;    //即调用函数 operator >> (cin, a); 从标准流对象 cin 中提取 a
    cout << a;   //即调用函数 operator << (cout, a); 向标准流对象 cout 中插入 a
    return 0;
}
```

运行结果:

```
请输入复数, 如(2.5, 3.5):
(2.5, 3.5)↵ (从键盘输入)
(2.5, 3.5)
```

在执行"cin >> a;"时, 实际上是调用流提取重载函数, 即"operator>>(cin, a);"; 在执行"cout << a;"时, 实际上是调用流插入重载函数, 即"operator<<(cout, a);"。

关于其他运算符的重载, 不再一一举例, 感兴趣的读者可以自己编程实现。

5.5　函数对象

尽管函数指针可用来调用函数或作为函数的参数, 但函数指针显得笨拙、危险, 更好的方法是用函数对象(function object)取代函数指针。

函数对象是指重载了调用运算符"()"(注意要与类型转换运算符区分开)的普通类对象, 但是可以采用与函数调用形式相同的写法来调用对象的该运算符重载函数。

用函数对象代替函数指针有以下优点: 首先, 函数对象可以保存上次调用结果的数据, 而使用普通函数只能将结果存储在全局或者静态变量中; 其次, 编译器能内嵌重载运算符的代码, 就避免了函数调用所产生的运行时问题。

下面举例说明如何定义和使用函数对象。

例 5-7. 定义和使用函数对象。

```
//******************************************************
//例 5-7. 定义和使用函数对象
//ex5-7.cpp
//******************************************************
#include <iostream>
```

```
using namespace std;
//下面定义 Add 类，重载了"()"
class Add
{
public:
    int operator() (int n1, int n2) { return n1+n2; }  //重载"()"
};
//下面定义函数 Callback()，其中一个参数为 Add 引用类型
int Callback(int a, int b, Add& obj)
{
    int n = obj(a, b);  //调用重载的"()"，注意 obj 对应类对象，而不是函数
    return n;
}
//主函数
int main()
{
    Add  addobj;              //声明一个 Add 类对象，即函数对象
    cout << Callback(2, 3, addobj) << ", ";      //调用函数 Callback()
    cout << addobj(3, 4) << endl;          //调用对象中的运算符重载函数
    return 0;
}
```

运行结果：

```
5, 7
```

在重载"()"时，不要忘记第一对圆括号，因为它代表重载的运算符名；第二对圆括号内是参数列表。注意，这时的参数个数可以有任意多个，这一点与运算符重载不同，运算符重载时参数的个数是确定的。

在上面例子中，在调用函数 Callback() 时将函数对象 obj 作为实参传递。函数内 obj 的使用类似于一个普通的函数名，这时 obj(a,b) 和 obj.operator()(a,b)等价。addobj(3,4)也遵循同样的道理。

从上面的例子中可以看出，可操作的数据类型被限制为 int。使用模板则可以创建具有通用性的函数对象，方法是将调用运算符"()"重载为类成员模板，以便函数对象适用于任何数据类型。

例 5-8. 定义和使用函数对象。

```
//*****************************************************
//例 5-8. 定义和使用函数对象
//ex5-8.cpp
//*****************************************************
#include <iostream>
#include <string>
using namespace std;
//下面定义类 GAdd，重载了"()"
class GAdd
{
```

```
public:
    template < typename T>   //函数模板定义，T为类型参数
    T operator() (T n1, T n2) { return n1 + n2; }  //重载"()"
};
//主函数
int main()
{
    GAdd  add;                      //声明一个GAdd类对象，即函数对象
    cout << add(3, 4) << endl;      //两整数之和
    cout << add(3.5, 4.7) << endl;  //两实数之和
    string s1("C++ "), s2("programming.");       //声明两个string对象
    cout << add(s1, s2) << endl;         //连接两字符串
    return 0;
}
```

运行结果：

```
7
8.2
C++ programming.
```

在下面的例子中，通过运算符"()"重载函数计算斐波纳契数列的元素。每次调用函数对象后，用于计算数列下一个元素的状态被存储于 Fib 对象自身之中，而使用函数或函数指针则没有这样的优势。

例 5-9. 斐波纳契数列。

```
//*****************************************************
//例 5-9. 斐波纳契数列
//ex5-9.cpp
//*****************************************************
#include <iostream>
using namespace std;
//下面定义类Fib，重载了"()"
class Fib
{
public:
    Fib() : a0(1), a1(1) {}
    int operator()();    //重载声明，不要忘记前一个"()"
private:
    int a0, a1;
};
int Fib::operator()()    //函数定义写在类体外
{
    int temp = a0;
    a0 = a1;
    a1 = temp + a0;
    return temp;
}
```

```
//主函数
int main()
{
    Fib fib;                    //声明类对象
    cout << fib()<< ", ";    //输出数列的第一个元素
    cout << fib()<< ", ";    //输出数列的第二个元素
    cout << fib()<< endl;    //输出数列的第三个元素
    return 0;
}
```

运行结果：

```
1, 1, 2
```

C++标准库中为我们定义了一些可供使用的函数对象，它们主要用作标准算法的参数，具体见第 10 章。

5.6　小结

运算符重载可以使我们用一种简洁的方式表达类对象的运算。

C++语言中的大部分运算符都可以进行重载。重载后运算符原有的优先级、结合性和所需的操作数个数不变。

运算符"="""()""[]""->""->*"必须重载为成员函数，一元运算符和复合赋值运算符一般重载为成员函数，其他二元运算符一般重载为友元函数。

函数对象是指重载了调用运算符"()"的普通类对象。

习　题　5

1．设计复数类 Complex，包括返回复数实部、虚部的成员函数，重载有关运算符，实现两复数的加、减、乘、除及相应的复合赋值运算，以及复数取负、复数的提取与插入运算。在主函数中进行简单测试。

2．实际上，C++标准库已经为我们提供了复数类模板 complex，其中定义了常用的复数运算，使用时包含头文件<complex>即可。请使用标准库中定义的复数类 complex，实现上题中主函数的内容。

3．有一个 Time 类，包含数据成员 minute（分）和 sec（秒），模拟秒表，每次走 1秒，满 60 秒进 1 分，此时又从 0 开始计算。要求输出分和秒的值。

4．C++运行期间不会自动检查数组是否越界。设计一个类 Words，能够检查数组是否越界。

5．设计一个阶乘类 recursion，重载调用运算符，计算一个正整数的阶乘。

第 6 章

继承与派生

内容提要

继承是面向对象程序设计的基本特征之一。

本章介绍与类的继承有关的一些概念，如继承与派生、基类与派生类、向上类型转换、单继承与多继承及三种继承方式等，着重讨论在不同继承方式下基类成员的访问控制问题，讨论派生类的构造函数与析构函数，特别是复杂情况下子对象构造与析构的顺序问题，分析继承与组合的区别，讨论多继承中可能存在的歧义性及解决方法。

➡ 6.1 基类与派生类

我们知道，大学中的人员包括学生、教师和管理人员等，学生又包括本科生、硕士生、博士生等，教师按职称可分为教授、讲师、助教等。大学人员这种层次关系可用图 6-1 来表示。

现在我们用面向对象的编程方法来描述大学人员的这种层次关系。先设计体现共性的人员类 UnivPerson，在此基础上派生出新类 Student，Student 类不仅具有一般人员的特征，还具备学生的独有特征。

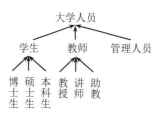

图 6-1 大学人员的层次关系

```
class UnivPerson
{
public:
    UnivPerson(string n = " ", bool g = true) { name = n; gender = g; }
    string GetName() { return name; }
    bool GetGender() { return gender; }
private:
    string name;          //姓名
    bool gender;          //性别
};
class Student: public UnivPerson
                    //在 UnivPerson 类的基础上产生新类 Student
{
public:
```

```
        Student(int num, double s, string n, bool g): UnivPerson(n, g)
            { number = num; score = s; }
        int GetNumber() { return number; }
        double GetScore() { return score; }
    private:
        int number;        //学号
        double score;      //分数
    };
```

在上面的类定义中，Student 是在 UnivPerson 的基础上产生出的新类。UnivPerson 称为 Student 的基类（或父类），Student 称为 UnivPerson 的派生类（或子类）。Student 继承了 UnivPerson 类的几乎所有成员（构造函数、析构函数、赋值函数除外），并增加了新的成员。这种从已有类产生新类的过程就是类的派生，从另一个角度看，从已有类获得属性和行为的过程就是类的继承。通过继承，能实现对基类代码的重用。

派生类只有一个直接基类的情况称为单继承，派生类具有多个直接基类的情况称为多继承。一个派生类同样可以作为基类，继续派生出新的类，例如，在 Student 类基础上派生 graduate 类。

在派生类的定义中，需要指定继承方式，关键字为 public、protected 和 private，分别表示公有继承、保护继承和私有继承。继承方式规定了访问基类成员的权限。若不显性给出继承方式，则默认为 private。在多继承情况下，每个继承方式关键字只限定紧随其后的基类，类之间用逗号分开，例如：

```
    Class graduate: public Student, protected UnivPerson
    {
        //...
    };
```

6.2 对基类成员的访问控制

既然派生类继承了基类中除构造函数、析构函数、赋值函数之外的所有成员，那么这些成员在派生类中的访问属性又如何呢？这时不仅要考虑这些成员在基类中的访问属性，还要考虑继承的方式。

6.2.1 公有继承

1. 公有继承的特点

当派生类以 public 方式继承基类时，基类的 public 和 protected 成员在派生类中的访问属性不变，即仍为 public 或 protected，派生类新增加的成员函数可以访问它们，但外界只可以访问派生类对象的 public 成员。关于基类的 private 成员，派生类内的成员函数不能直接访问。

例 6-1. 公有继承。

```cpp
//****************************************************
//例 6-1. 公有继承
//ex6-1.cpp
//****************************************************
#include <iostream>
#include <string>
using namespace std;
//基类定义
class UnivPerson
{
public:
    UnivPerson(string n = " ", bool g = true) { name = n; gender = g; }
    string GetName() { return name; }
    bool GetGender() { return gender; }
    void Show() { cout << name << ", " << gender << endl; }
                                //基类中的 Show()
protected:
    string name;                //姓名
private:
    bool gender;                //性别
};
//派生类定义
class Student: public UnivPerson
{
public:
    Student(int num, double s, string n, bool g): UnivPerson(n, g)
        { number = num; score = s; }
    void Show()                 //在派生类中重新定义函数 Show()
    {
        cout << name << ", ";   //访问基类的 protected 成员
        //cout << gender;       //错误! gender 是基类的 private 成员
        cout << number << " " << score << endl;
    }
private:
    int number;                 //学号
    double score;               //分数
};
//主函数
int main()
{
    Student stu(200801, 82.3, "zhang", true);   //派生类对象
    stu.Show();                 //调用派生类对象的 public 成员
    cout << stu.GetName() << endl; //基类的 public 成员
    //cout << stu.name;         //错误! 外界不能访问 protected 成员
    return 0;
}
```

运行结果：

```
zhang, 200801 82.3
zhang
```

在上面的例子中，Student 类以 public 方式继承 UnivPerson 类。基类 UnivPerson 中的 public 和 protected 成员在派生类 Student 中的访问属性不变，而 UnivPerson 类的私有成员 gender 在派生类内不能被直接访问。

在 Student 类的内部，重新定义了一个 Show()函数。在主函数中通过派生类对象调用 Show()时，调用的是派生类的 Show()，而不是基类的 Show()。

2. 同名屏蔽现象

在主函数中调用派生类对象的成员函数时，若派生类没有定义该函数，则从继承的基类中寻找相匹配的函数，包括函数名称、返回类型、参数列表、是否带 const 等都要考虑。若派生类重新定义（redefining）了同名函数，则编译时基类中的所有同名函数都将被屏蔽。这时，如果想调用基类中的同名函数，可以通过"基类名::"进行限制。

例 6-2. 继承中的同名函数。

```cpp
//********************************************************
//例 6-2. 继承中的同名函数
//ex6-2.cpp
//********************************************************
#include <iostream>
#include <string>
using namespace std;
//基类定义
class Base
{
public:
    int f() const { cout << "Base::f()" << endl; return 1; }
    int f(string) const { return 1; }
    void g() {}
};
//派生类定义
class Derived1 : public Base
{
public:
    void g() const {}         //重新定义 g()
};
class Derived2 : public Base
{
public:
    int f() const { cout << "Derived2::f()" << endl; return 2; }
};
class Derived3 : public Base
{
```

```
public:
    void f() const { cout << "Derived3::f()" << endl; } //改变返回类型
};
class Derived4 : public Base
{
public:
    int f(int) const { cout << "Derived4::f()" << endl; return 4; }
                      //改变参数
};
//主函数
int main()
{
    string s("hello");
    Derived1 d1;
    int x = d1.f();        //与基类的第一个函数匹配
    d1.f(s);               //与基类的第二个函数匹配
    Derived2 d2;
    x = d2.f();            //派生类中的函数 f() 屏蔽基类的所有同名函数
    //d2.f(s);             //错误！没有相匹配的函数
    Derived3 d3;
    //x = d3.f();          //错误！没有相匹配的函数
    x = d3.Base::f();      //调用基类的成员函数
    Derived4 d4;
    //x = d4.f();          //错误！没有相匹配的函数
    x = d4.f(1);           //与 Derived4 类中的 f 匹配
    return 0;
}
```

运行结果：

```
Base::f()
Derived2::f()
Base::f()
Derived4::f()
```

3. 向上类型转换

通过公有继承，派生类得到了基类中除构造函数、析构函数、赋值函数之外的所有成员。这样，公有派生类就具备了基类的功能，在需要基类对象的地方，可以用派生类对象来代替。这时存在从派生类向基类的自动转换，称为**向上类型转换**（upcasting），或称为**类型适应**。这种类型转换可能在下面的情况下发生：

- 用派生类对象赋值或初始化基类对象；
- 用派生类对象初始化基类引用；
- 将派生类对象的地址赋给指向基类的指针

由于存在向上类型转换，在这几种情况下，一般只能访问基类的成员。例如，在例 6-1 的类继承基础上，有下列主函数：

```
int main()
{
    Student stu(200801, 82.3, "zhang", true);  //派生类对象
    UnivPerson pers = stu;            //用派生类对象初始化基类对象
    UnivPerson& per = stu;            //用派生类对象初始化基类引用
    UnivPerson* p = &stu;             //派生类对象的地址赋给指向基类的指针
    stu.Show();           //调用派生类 Show()
    pers.Show();          //调用基类 Show()
    per.Show();           //调用基类 Show()
    p->Show();            //调用基类 Show()
    return 0;
}
```

运行结果：

```
zhang, 200801 82.3
zhang, 1
zhang, 1
zhang, 1
```

向上类型转换时，派生类对象中的新增成员将被舍弃，只将从基类继承来的部分赋给基类对象。如图 6-2 所示。这种现象称为**对象切割**（object slicing）。下一章我们将会看到，通过定义虚函数，利用基类指针（或引用）操作派生类对象时，由于是运行时绑定的，可以消除对象切割现象。

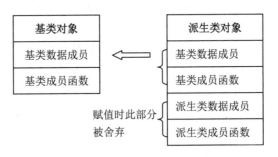

图 6-2　向上类型转换时的对象切割

注　意

向下类型转换是不能自动进行的，即不能自动由基类转换为派生类，就像我们可以说"硕士生就是学生"，但不可以说"学生就是硕士生"一样。

6.2.2　私有继承

当派生类以 private 方式继承基类时，基类的 public 和 protected 成员在派生类中的访问属性均变为 private，那么派生类新增加的成员函数可以访问它们，但是外界不能访问它们。关于基类的 private 成员，派生类内的成员函数不能直接访问。

也就是说，基类中除构造函数、析构函数、赋值函数之外的其他所有成员，经过私有继承之后，都成了派生类的私有成员或不可访问成员。

例如，如果对例 6-1 进行修改，把 Student 类对 UnivPerson 类的继承方式改为 private，那么主函数中的原有语句就会出现问题：

```
int main()
{
    Student stu(200801, 82.3, "zhang", true);  //派生类对象
    stu.Show();                    //调用派生类对象的public成员
    //cout << stu.GetName() << endl;    //错误！
    //cout << stu.name;              //错误！
    return 0;
}
```

由于继承之后，基类中的数据成员 name 和成员函数 GetName() 都成了派生类的 private 成员，因此在主函数中不能访问。

6.2.3 保护继承

当派生类以 protected 方式继承基类时，基类的 public 和 protected 成员在派生类中的访问属性均变为 protected，即派生类新增加的成员函数可以访问它们，但是外界不能访问它们。关于基类的 private 成员，派生类内的成员函数不能直接访问。

请读者自己将例 6-1 改为保护继承，验证上述结论。

可以发现，在直接派生类中，私有继承和保护继承的作用实际上是相同的：在派生类外不能访问任何基类成员，而派生类的成员函数可以访问基类的 public 和 protected 成员。但是，如果继续派生，两种继承方式的作用就不同了。这时，如果再以公有方式产生新的派生类，原来私有继承的基类成员在新类中都成了不可访问的成员，原来保护继承的基类 public 和 protected 成员在直接派生类中具有 protected 访问属性，可被新类的成员函数访问。

总结一下三种继承方式下基类成员在直接派生类中的访问属性，如表 6-1 所示。

表 6-1　基类成员在直接派生类中的访问属性

继承方式	基类成员		
	public	protected	private
public	public	protected	不可访问
protected	protected	protected	不可访问
private	private	private	不可访问

6.3 派生类的构造函数与析构函数

6.3.1 构造函数

由于派生类不能继承基类的构造函数，因此对继承过来的基类数据成员的初始化工作将由派生类的构造函数来完成。在设计派生类的构造函数时，不仅要考虑派生类新增数据

成员（包括其他类类型的数据成员）的初始化，还要考虑基类数据成员的初始化。

对基类数据成员的初始化，要在派生类构造函数的初始化列表中进行，方法是调用基类的构造函数。如果是多继承，调用基类构造函数的顺序与定义派生类时继承基类的顺序有关，而与初始化列表中的排列顺序无关。

从上一章我们知道，派生类的 const 数据成员、引用型数据成员、类类型成员的初始化操作也在构造函数的初始化列表中进行。当调用派生类构造函数时，首先执行成员初始化列表中的操作，然后执行函数体内的操作。初始化列表中的执行顺序是：首先调用基类的构造函数（顺序与继承的顺序有关），然后才进行派生类的成员初始化（顺序与类内的声明顺序有关）。

例 6-3. 继承中的初始化顺序。

```
//***************************************************
//例 6-3. 继承中的初始化顺序
//ex6-3.cpp
//***************************************************
#include <iostream>
using namespace std;
//定义 B1 类
class B1
{
public:
    B1(int i) { b1=i; cout << "Constructor B1:" << b1 << endl; }
    void Print() { cout << b1 << ", "; }
private:
    int b1;
};
//定义 B2 类
class B2
{
public:
    B2(int i) { b2=i; cout << "Constructor B2:" << b2 << endl; }
    void Print() { cout << b2 << ", "; }
private:
    int b2;
};
//定义 B3 类
class B3
{
public:
    B3(int i) { b3 = i; cout << "Constructor B3:" << b3 << endl; }
    int Getb3() { return b3; }
private:
    int b3;
```

```
};
//定义派生类，B1 在前，B2 在后
class A: public B1, public B2
{
public:
    //注意初始化列表中的顺序
    A(int i, int j, int k, int m): a(m), b(k), B2(j), B1(i)
        { cout << "Constructor A: " << a << endl; }
    void Print()
    {
        B1::Print();
        B2::Print();
        cout << b.Getb3() << ", " << a << endl;
    }
private:
    int a;
    B3 b;            //B3 类的数据成员 b
};
//主函数
int main()
{
    A obj(1,2,3,4);          //建立派生类对象
    obj.Print();
    return 0;
}
```

运行结果：

```
Constructor B1:1
Constructor B2:2
Constructor B3:3
Constructor A: 4
1, 2, 3, 4
```

在建立对象 obj 调用派生类构造函数时，先调用 B1 的构造函数，再调用 B2 的构造函数，这时相当于建立了两个匿名子对象。然后按照类 A 中数据成员的声明顺序，先对整型 a 进行初始化，再对类对象 b（嵌入式子对象）进行初始化。最后执行构造函数体内的语句。可以看出，初始化的顺序与构造函数初始化列表中的顺序无关。

6.3.2　析构函数

派生类不能继承基类的析构函数，如果需要析构，就要在派生类中定义自己的析构函数。在上面的例子中，我们没有显性定义析构函数，实际上是利用了编译系统自动生成的析构函数。析构的顺序与构造的顺序相反。在上例的基础上添加析构函数，结果如下。

例 6-4. 析构的顺序。

```cpp
//***************************************************
//例 6-4. 析构的顺序
//ex6-4.cpp
//***************************************************
#include <iostream>
using namespace std;
//定义 B1 类
class B1
{
public:
    B1(int i) { b1 = i; cout << "Constructor B1:" << b1 << endl; }
    ~B1() { cout << "Destructor B1:" << b1 << endl; }
    void Print() { cout << b1 << ", "; }
private:
    int b1;
};
//定义 B2 类
class B2
{
public:
    B2(int i) { b2 = i; cout << "Constructor B2:" << b2 << endl; }
    ~B2() { cout << "Destructor B2:" << b2 << endl; }
    void Print() { cout << b2 << ", "; }
private:
    int b2;
};
//定义 B3 类
class B3
{
public:
    B3(int i) { b3 = i; cout << "Constructor B3:" << b3 << endl; }
    ~B3() { cout << "Destructor B3:" << b3 << endl; }
    int Getb3() { return b3; }
private:
    int b3;
};
//定义派生类
class A: public B1, public B2
{
public:
    //注意初始化列表中的顺序
    A(int i, int j, int k, int m): a(m), b(k), B2(j), B1(i)
        { cout << "Constructor A: " << a << endl; }
```

```
    ~A() { cout << "Destructor A: " << a << endl; }
    void Print()
    {
        B1::Print();
        B2::Print();
        cout << b.Getb3() << ", " << a << endl;
    }
private:
    int a;
    B3 b;          //B3 类的数据成员 b
};
//主函数
int main()
{
    A obj(1,2,3,4);
    obj.Print();
    return 0;
}
```

运行结果：

```
Constructor B1:1
Constructor B2:2
Constructor B3:3
Constructor A: 4
1, 2, 3, 4
Destructor A: 4
Destructor B3:3
Destructor B2:2
Destructor B1:1
```

6.4　组合与继承的选择

在前面的例子中，我们可以看出，无论是组合还是继承，结果都是把子对象放在新类的对象中，都在新类的构造函数初始化列表中构造这些子对象。那么编程时到底应该选用那种方法呢？

当新类需要的不是已有类的接口，而是使用已有类的功能时候，应该采用组合。例如，鸟与翅膀的关系是一种"has-a"的关系。当新类需要的是已有类的接口，这时应该用继承。例如，鸟与动物的关系是一种"is-a"的关系。用面向对象方法描述这两种关系的程序代码如下：

```
class Animal                //动物
{
public:
    void Move() const { }
```

```
};
class Wing                      //翅膀
{
public:
    void Open() const { }
    void Close() const { }
};
class Bird: public Animal    //鸟是一种动物
{
public:
    Wing wing[2];                  //鸟具有一对翅膀
};
```

鸟类 Bird 是动物类 Animal 的子类型，它继承了动物的特征。鸟类具有一对翅膀，如果有了一只鸟，那么也就同时有了一对翅膀。从这个例子我们可以清楚地看到继承与组合的区别。

6.5　多继承中的歧义

第一种情况。如果一个派生类有多个基类，在这些基类中存在名字相同的成员，那么访问派生类对象的这些成员时就会出现歧义或不确定性。

假设有两个类 A1 和 A2，其中都包含成员函数 f()，在这两个类的基础上派生出类 B：

```
class A1
{
public: void f() { }
};
class A2
{
public:
    void f() { }
    void g(){ }
};
class B: public A1, public A2
{
public: void g(){ }
};
```

如果主函数中有下列语句：

```
B b;            //建立对象b
b.f();          //错误!
```

在通过派生类对象 b 调用函数 f() 时，将出现编译错误。因为派生类对象 b 中包含两个基类对象，编译器无法确定要访问的是哪一个基类对象的成员函数 f()。这时，可以用作用域运算符"::"解决问题。将上面调用函数 f() 的形式改写为下列形式即可：

```
b.A1::f();          //明确指出是调用 A1 类的 f()
```

另一种情况。一个类不能被多次声明为一个派生类的直接基类，但可以不止一次地成为间接基类。如果一个派生类有多个直接基类,而这些直接基类又有一个共同的基类(派生类的间接基类),那么在通过派生类对象访问间接基类的成员时也会出现歧义,因为在派生类中存在两个间接基类。

如图 6-3 所示,B 和 C 是 D 的直接基类,A 是 D 的间接基类。假设类的定义如下:

```
class A
{
public: void f() {};
};
class B: public A
{
    //…
};
class C: public A
{
    //…
};
class D: public B, public C
{
    //…
};
```

如果主函数中有下列语句:

```
D d;        //建立对象 d
d.f();      //错误!
```

在通过派生类对象 d 调用函数 f()时,将出现编译错误。由于派生类对象 d 中存在两个 A 类的对象,这时编译器不能确定要调用哪个对象的 f()。这时,同样可以用作用域运算符解决问题,如将上述调用改写为“d.B::f();”。

不过,在这种情况下,我们还是希望在派生类对象中只含一个间接基类的对象,即 4 个类之间有如图 6-4 所示的继承关系,这样就避免了上面的歧义性。通过把 A 类声明为虚基类就可以满足这样的要求。

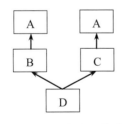
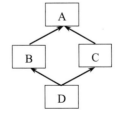

图 6-3　非虚继承关系　　　　图 6-4　虚继承关系

6.6　虚基类

声明虚基类的方法是:定义派生类时,在基类继承方式前加关键字 virtual,那么该基类就成为虚基类。例如:

```
class A                         //定义基类
{
public: void f() {};
};
class B: virtual public A       //声明 A 为 B 的虚基类
{
    //...
};
class C: virtual public A       //声明 A 为 C 的虚基类
{
    //...
};
```

经过这样的声明后，当基类通过多条派生路径被一个派生类继承时，该派生类只继承该基类一次。为保证虚基类在派生类中只继承一次，应该在所有直接派生类中声明该基类为虚基类。

建立派生类对象时，对虚基类数据成员的初始化也是在派生类构造函数的初始化列表中进行的。虚基类构造函数的调用优先于非虚基类构造函数。

虚基类构造函数应出现在所有派生类（直接派生类或间接派生类）构造函数的初始化列表中，如果没有显性列出，意味着虚基类没有定义带参数的构造函数，这时要调用的是虚基类默认构造函数。不过在建立派生类对象时，程序只调用虚基类的构造函数一次，而且是在调用该派生类构造函数时发生的，在调用其他中间派生类构造函数时不再调用虚基类的构造函数，从而保证虚基类对象只被创建一次，其数据成员只被初始化一次。

利用虚基类，可以合理地表示家具、床/沙发、沙发床之间的继承关系。下面的例子将家具类 Furniture 声明为虚基类。

例 6-5. 虚基类举例。

```
//**************************************************
//例 6-5. 虚基类举例
//ex6-5.cpp
//**************************************************
#include <iostream>
using namespace std;
//基类定义
class Furniture
{
public:
    Furniture(int w)
    {
        price = w;
        cout<<"Constructor of Furniture."<<endl;
    }
    int GetPrice() { return price; }
protected:
```

```
        int price;
    };
    //派生类定义
    class Bed : virtual public Furniture
    {
    public:
        Bed(int i): Furniture(i)
            { cout << "Constructor of Bed." << endl; }
        void Sleep() { cout << "You can sleep in a bed." << endl; }
    };
    class Sofa : virtual public Furniture
    {
    public:
        Sofa(int i): Furniture(i)
            { cout << "Constructor of Sofa." << endl; }
        void Sit() { cout << "You can sit on a sofa." << endl; }
    };
    class SofaBed: public Bed, public Sofa
    {
    public:
        SofaBed(int i): Furniture(i), Bed(i), Sofa(i)
        {
            cout << "Constructor of SofaBed." << endl;
        }
    };
    //主函数
    int main()
    {
        SofaBed sofabed(500);    //建立对象
        cout << sofabed.GetPrice() << endl;
        return 0;
    }
```

运行结果：

```
    Constructor of Furniture.
    Constructor of Bed.
    Constructor of Sofa.
    Constructor of SofaBed.
    500
```

在上例中，虚基类 Furniture 的直接派生类为 Bed 和 Sofa，SofaBed 类又继承了 Bed 类和 Sofa 类，是虚基类 Furniture 的间接派生类。可以看出，程序建立派生类 SofaBed 的对象 sofabed 时，只在 SofaBed 类的构造函数中调用了虚基类的构造函数，而中间其他派生类（Bed 和 Sofa）的构造函数不再调用虚基类的构造函数。

设计复杂的多层次、多继承程序时容易出现问题，实际编程时应尽量避免。

6.7　小结

继承与组合是两种重要的代码重用技术。它们在不改变原有代码的基础上产生新的数据类型。单继承的派生类只有一个直接基类，多继承的派生类有多个直接基类。

派生类继承了基类中除构造函数、析构函数、赋值函数之外的所有成员。这些成员在派生类中的访问属性受继承方式的影响。

关于基类中的 public 和 protected 成员，公有继承方式下在派生类中的访问属性不变，保护继承方式下在派生类中的访问属性均变为 protected，私有继承方式下在派生类中的访问属性均变为 private。派生类的成员函数不能直接访问基类的 private 成员，但可以访问基类的 public 和 protected 成员。

创建派生类对象时，要通过调用基类构造函数来初始化其中的基类成员，该初始化工作在派生类构造函数的初始化列表中进行。当调用派生类构造函数时，首先执行初始化列表中的操作，然后执行函数体内的操作。初始化列表中的执行顺序是：首先调用基类的构造函数（顺序与继承的顺序有关），然后进行派生类的成员初始化（顺序与类内的声明顺序有关）。

虚继承机制可以避免多继承中存在的歧义性问题。虚基类构造函数应出现在所有派生类构造函数的初始化列表中，但建立派生类对象时只被调用一次。在建立派生类对象时，虚基类构造函数的调用总是优先于非虚基类构造函数。

习　题　6

1．在第 4 章第 1 题的 CPoint 类基础上，派生出 CRectangle 类，继承方式为 public。CRectangle 类应满足如下要求：

（1）矩形水平放置，继承的 x、y 是矩形中心坐标；

（2）length、width 表示矩形的长和宽；

（3）成员函数 Perimeter()计算矩形的周长；

（4）成员函数 Area()计算矩形的面积。

（5）假设一个矩形中心坐标为（5，5.5），矩形的长为 5，宽为 4。编写主函数代码，建立 CRectangle 类对象，输出矩形的中心坐标、周长及面积。

2．编写输入与显示学生和教师信息的程序。学生数据有编号、姓名、班级和学分，教师数据有编号、姓名、职称和部门。要求将编号、姓名的输入与显示设计成一个 UnivPerson 类，并作为 Student 类和 Teacher 类的基类。测试所设计的类。

3．在第 4 章第 1 题的 CPoint 类基础上，重新定义矩形类 Rectangle 和圆类 Circle。矩形水平放置，由中心和长宽定义。圆由圆心和半径定义。派生类的成员 Position()用于判断任一坐标点是在图形内、图形边缘上，还是在图形外。要求计算图形面积，并定义复制构造函数。测试所定义的类。对于中心位于(4, 3)、长 8、宽 6 的矩形和中心位于(4, 3)、半径为 5 的圆，判断点(0, 0)、(8, 6)、(3, 3)、(−3, 3)、(8, 4)、(8, 8)相对矩形和圆的位置。

4．编写程序实现图 6-5 所示的类层次关系。公司工作人员主要包括经理（Manager）、兼职技术员（Technician）、销售人员（Salesman）和销售经理（Sales Manager）。要求计算月薪（函数名 pay）并显示有关信息。月薪的计算方法是：经理拿固定月薪 7000 元；兼职技术人员按每小时 100 元领取月薪；销售人员按当月销售额的 5%提成；销售经理既拿月固定工资也领取销售提成，月固定工资为 4000 元，销售提成为所管辖部门当月销售额的 5‰。Employee 类中包含数据成员姓名（name）和薪水（salary）。考虑用虚继承。

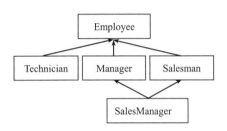

图 6-5　第 4 题图

第 7 章

多　态

内容提要

多态是面向对象程序设计的重要特征。

本章介绍静态绑定、动态绑定、虚函数、抽象类等概念，详细讨论虚函数及动态绑定的实现机制，通过实例分析纯虚函数与抽象类的作用，介绍将函数对象与多态性相结合解决实际问题的方法。

7.1　多态性概述

在学习函数重载时，我们知道不同的函数可以具有相同的名字。在调用函数处，编译器能够根据类型匹配情况确定要调用内存中的哪段函数体，即把函数调用与内存地址联系起来。由于这个工作是在编译、连接阶段进行的，因此称为静态绑定（static binding）或早期绑定（early binding）。

多态的主要目的是让处理基类对象的程序代码能够完全无阻碍地处理派生类对象。或者说，对于同样的消息（函数调用），被不同类型的对象接收时导致不同的行为。这个功能是通过虚函数实现的。虚函数机制使得函数调用与函数体的联系可以在程序运行时确定，这称为动态绑定（dynamic binding），又称为晚期绑定（late binding）或运行时绑定（runtime binding）。

例 7-1. 继承与向上类型转换。

```
//****************************************************
//例 7-1. 继承与向上类型转换
//ex7-1.cpp
//****************************************************
#include <iostream>
using namespace std;
//基类定义
class UnivPerson
{
public:
    void Show() const { cout << "UnivPerson::Show()" << endl; }
};
```

```
//派生类具有和基类一样的接口
class Student: public UnivPerson
{
public:
    void Show() const { cout << "Student::Show()" << endl; }
                                //重定义接口函数
};
//函数定义
void test(UnivPerson& per) { per.Show(); }   //函数的参数类型为基类引用
//-----------------------------------------------------------
int main()
{
    Student Zhang;     //建立派生类对象
    test(Zhang);       //参数传递时 Student→UnivPerson&
    return 0;
}
```

运行结果：

```
UnivPerson::Show()
```

在调用 test()函数时，Student 类的对象作为实参传给 UnivPerson&类型的形参 per（执行"UnivPerson& per = Zhang;"语句），存在向上类型转换，因此函数体内调用的是基类对象的 Show()。而实参 Zhang 是派生类 Student 类的对象，实际上我们希望这时能够调用派生类的 Show()，即输出"Student::Show()"。这时，若声明基类成员 Show()为虚函数，则可以满足要求。

➡ 7.2 虚函数

7.2.1 虚函数的声明与应用

将一个成员函数声明为虚函数的方法很简单，就是在函数前面添加关键字 virtual。将例 7-1 中的基类成员 Show()声明为虚函数，程序如下。

例 7-2. 虚函数。

```
//********************************************************
//例 7-2. 虚函数
//ex7-2.cpp
//********************************************************
#include <iostream>
using namespace std;
//基类定义
class UnivPerson
{
public:
```

```
    virtual void Show() const { cout << "UnivPerson::Show()" << endl; }
};
//派生类具有和基类一样的接口
class Student: public UnivPerson
{
public:
    virtual void Show() const { cout << "Student::Show()" << endl; }
                                                    //virtual 可省略
};
//函数定义
void test(UnivPerson& per) { per.Show(); }  //函数的参数类型为基类引用
//主函数
int main()
{
    Student Zhang;   //建立派生类对象
    test(Zhang);      //参数传递时 Student→UnivPerson&
    return 0;
}
```

运行结果：

```
Student::Show()
```

基类和派生类中的两个同名函数 Show() 的函数接口部分应完全相同。若在基类中 Show() 被声明为虚函数，则在所有的派生类中，这样的函数都自动为 virtual 的，因此在派生类中可以省略关键字 virtual。这种在派生类中对 virtual 函数的再定义，称为重写。

 注 意

重写要与函数重载和第 6 章派生类中的函数同名屏蔽区分开。

由于虚机制的存在，程序在运行时根据对象的类型去调用合适的成员函数，输出了我们期望的结果。这样的程序结构具有很好的可扩展性。例如，我们可以在基类的基础上派生出任意的新类型，而函数 test() 不需做任何改变就可用于新类型的对象。

使用虚函数时应注意以下几点。

- 虚函数是成员函数，但不会是静态成员函数。
- 若虚函数定义在类体外，则关键字 virtual 只能出现在类内的函数声明前，在类外的函数定义前不需要再用该关键字。
- 当使用作用域运算符 "::" 时，虚机制不再起作用。例如，若将例 7-2 中的函数 test() 的定义为

```
void test(UnivPerson& per) { per.UnivPerson::Show(); }
```

则程序输出为 UnivPerson::Show()。

- 作为重写的虚函数，派生类中的函数接口必须与基类中的完全相同，包括函数名、返回类型、参数列表、是否有 const 等。对函数返回类型可以稍微放松要求，如果基类中的虚函数返回类型是 A*（或 A&），那么派生类中重写的函数可以返回

B*（或 B&），其中 B 是 A 的 public 派生类。如果不满足这些要求，那么派生类中的同名函数就不是对基类虚函数的重写函数，而是重新定义的一个函数，即使带有关键字 virtual，也是如此。

- 在派生类中重写虚函数时，如果原函数有默认形参值，就不要再定义新的形参值了。因为默认形参值是静态绑定的，只能来自基类的定义。
- 在多层次继承中，如果派生类没有对基类的虚函数进行重写，那么在类似前面的 test()调用中，将自动调用继承层次中最近的虚函数。
- 只有虚函数才可能动态绑定。因此如果派生类要重写基类的行为，就应该将基类中的相应函数声明为 virtual 的。

总之，要想实现运行时的多态，必须满足三个基本条件：①public 继承；②虚函数；③通过指针（或引用）调用虚函数。通过对象操作不会发生动态绑定，因为编译时对象的类型是确定的，而指针（或引用）保存的只是地址，这意味着它可以是基类对象的地址，也可以是派生类对象的地址。

例 7-3. 动态绑定测试。

```cpp
//****************************************************
//例 7-3. 动态绑定测试
//ex7-3.cpp
//****************************************************
#include <iostream>
using namespace std;
//基类 UnivPerson
class UnivPerson
{
public:
    virtual void Show() const { cout << "UnivPerson::Show()" << endl; }
    virtual void Eat() const { cout<< "UnivPerson::Eat()" << endl; }
    virtual void Study() const { cout<< "UnivPerson::Study()" << endl; }
};
//派生类 Student
class Student: public UnivPerson
{
public:
    virtual void Show() const { cout << "Student::Show()" << endl; }
    virtual void Eat() const { cout<< "Student::Eat()" << endl; }
    virtual void Study() const { cout<< "Student::Study()" << endl; }
};
//派生类 Graduate
class Graduate: public Student
{
public:
    virtual void Show() const { cout << "Graduate::Show()" << endl; }
    virtual void Eat() { cout<< "Graduate::Eat()" << endl; }
```

```
    };
    //主函数
    int main()
    {
        Graduate gra;                  //建立派生类 Graduate 对象
        UnivPerson* p = &gra;          //基类指针，指向派生类对象
        UnivPerson& rp = gra;          //基类引用，引用派生类对象
        UnivPerson per = gra;          //基类对象，用派生类对象初始化
        p->Show();                     //Graduate::Show()，动态绑定
        rp.Show();                     //Graduate::Show()，动态绑定
        per.Show();                    //UnivPerson::Show()，静态绑定
        p->Study();//Student::Study()，动态绑定，Graduate 中没有重写 Study()
        p->Eat();//Student::Eat()，动态绑定，Graduate 中的 Eat()不是虚函数重写
        gra.Eat();                     //Graduate::Eat()，静态绑定
        gra.Study();                   //Student::Study()，静态绑定
        gra.Show();                    //Graduate::Show()，静态绑定
        return 0;
    }
```

运行结果：

```
    Graduate::Show()
    Graduate::Show()
    UnivPerson::Show()
    Student::Study()
    Student::Eat()
    Graduate::Eat()
    Student::Study()
    Graduate::Show()
```

在上面的例子中，UnivPerson 是 Student 的公有基类，Student 是 Graduate 的公有基类。UnivPerson 类中定义了三个虚函数，它们在 Student 类中都进行了重写。在主函数中，基类指针 p 与引用 rp 保存派生类对象 gra 的地址，通过它们调用虚函数时发生动态绑定。执行"p->Study();"时，调用的是 Student 类中的对应函数，因为 Graduate 类中没有重写虚函数 Study()，因此调用最接近的对应函数。执行"p->Eat();"时，调用的也是 Student 类中的对应函数，因为 Graduate 类中的 Eat()不是对基类虚函数的重写（类型中缺少 const），而是重新定义的函数。

7.2.2 虚析构函数

构造函数不能是虚函数，而析构函数可以是虚函数。若基类的析构函数是虚函数，则所有派生类的析构函数都自动是虚函数。

将析构函数声明为虚函数，可以使程序运行更加安全。我们先看下面的例子。

例 7-4. 析构函数调用。

```
    //*************************************************************
```

```cpp
//例7-4. 析构函数调用
//ex7-4.cpp
//*******************************************************
#include <iostream>
using namespace std;
//基类
class CPoint
{
public:
    CPoint() { cout<<"Constructor of CPoint."<<endl; }
    ~CPoint() { cout<<"Destructor of CPoint."<<endl; }
};
//派生类
class Rectangle: public CPoint
{
public:
    Rectangle() { cout<<"Constructor of Rectangle."<<endl; }
    ~Rectangle() { cout<<"Destructor of Rectangle."<<endl; }
};
//主函数
int main()
{
    CPoint *p=new Rectangle;     //申请 Rectangle 类对象的动态存储空间
    delete p;                    //释放动态存储空间
    return 0;
}
```

运行结果:
```
Constructor of CPoint.
Constructor of Rectangle.
Destructor of CPoint.
```

可以看出，对于动态创建的派生类对象存储空间，在利用 delete 释放时，只有基类的析构函数被调用。原则上应该先调用派生类析构函数，然后再调用基类析构函数，与调用构造函数的顺序相反。

如果我们把例 7-4 中的基类析构函数声明为虚函数，即在 CPoint 类内，有

```cpp
virtual ~CPoint() { cout<<"Destructor of CPoint."<<endl; }
```

则可以得到我们期望的运行结果:

```
Constructor of CPoint.
Constructor of Rectangle.
Destructor of Rectangle.
Destructor of CPoint.
```

➡ 7.3 如何实现动态绑定

对于含虚函数的类，编译器为每个类建立唯一的虚函数表 vtable，表中存放该类的虚函数的地址，包括新声明的及继承的虚函数。编译器还为每个类加上一个数据成员 vptr，这是一个指向虚函数表的指针。例如，对于下面定义的 A 类，其对象在内存中的存储情况如图 7-1 所示。

```
class A
{
public:
    int data1;
    void fun1() {}
    virtual vfun1() {}
    virtual vfun2() {}
};
```

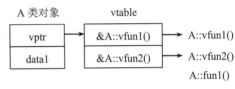

图 7-1　A 类对象在内存中的存储情况

注 意

类的普通成员函数 fun1() 与类对象的存储空间无关。普通成员函数被编译器改过名字，并增加 this 参数，可以处理调用者（类对象）的数据成员。其存储与外部函数类似。

每一个 A 类对象都有一个 vptr。调用构造函数时，vptr 被初始化，指向相应的 vtable 的起始地址。当通过这个对象调用虚函数时，实际上是通过 vptr 找到虚函数表，再找到虚函数的真正地址。

虚函数表中的顺序，与类中虚函数的声明顺序一致。当我们在派生类中重写虚函数时，表中元素存储的地址将不再是基类虚函数的地址，而是派生类虚函数的地址。例如：

```
class B: public A
{
public:
    int data2;
    void fun1() {}
    virtual vfun2() {}
};
```

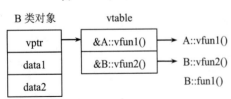

图 7-2　B 类对象在内存中的存储情况

B 类对象在内存中的存储情况如图 7-2 所示。当用 A 类指针指向 B 类对象时，由于 B 类对象的 vptr 是指向 B 类的 vtable，因此在运行期调用虚函数 vfun2() 时可以做出正确的选择。这就是动态绑定的机理。

下面通过一个完整的程序验证上面的说明。

例 7-5. 动态绑定。

```
//*********************************************************************
```

```
//例7-5. 动态绑定
//ex7-5.cpp
//****************************************************
#include <iostream>
using namespace std;
//基类A
class A
{
public:
    int data1;
    void fun1() {}
    void fun2() {}
    virtual void vfun1() {}
    virtual void vfun2() {}
};
//派生类B
class B: public A
{
public:
    int data2;
    void fun1() {}
    virtual void vfun2() {}    //重写虚函数vfun2()
};
//派生类C
class C: public B
{
public:
    int data1;
    int data3;
    void fun1() {}
    virtual void vfun2() {}    //重写虚函数vfun2()
};
//主函数
int main()
{
    cout << sizeof(A) << endl;
    cout << sizeof(B) << endl;
    cout << sizeof(C) << endl;
    A a;
    B b;
    C c;
    a.data1 = 1;
    b.data1 = 11;
    b.data2 = 22;
    c.data1 = 111;
    c.data2 = 222;
```

```
            c.data3 = 333;
            c.A::data1 = 1111;
            cout << a.data1 << endl;
            cout << b.data1 << endl;
            cout << b.data2 << endl;
            cout << c.data1 << endl;
            cout << c.data2 << endl;
            cout << c.data3 << endl;
            cout << c.A::data1 << endl;
            cout << &a << endl;
            cout << &a.data1 << endl;
            cout << &b << endl;
            cout << &b.data1 << endl;
            cout << &b.data2 << endl;
            cout << &c << endl;
            cout << &c.data1 << endl;
            cout << &c.data2 << endl;
            cout << &c.data3 << endl;
            cout << &c.A::data1 << endl;
            return 0;
        }
```

运行结果及分析如表 7-1 所示。

表 7-1　运行结果及分析

运行结果	含　　义	说　　明
8	sizeof(A)	1 个 int 加 1 个 vptr
12	sizeof(B)	继承自 A 类，加 1 个 int
20	sizeof(C)	继承自 B 类，加 2 个 int
1	a.data1 的值	
11	b.data1 的值	
22	b.data2 的值	
111	c.data1 的值	
222	c.data2 的值	
333	c.data3 的值	
1111	c.A::data1 的值	
0012FF78	对象 a 的起始地址	该地址中存放着 vptr
0012FF7C	a.data1 的地址	
0012FF6C	对象 b 的起始地址	该地址中存放着 vptr
0012FF70	b.data1 的地址	
0012FF74	b.data2 的地址	
0012FF58	对象 c 的起始地址	该地址中存放着 vptr
0012FF64	c.data1 的地址	
0012FF60	c.data2 的地址	
0012FF68	c.data3 的地址	
0012FF5C	c.A::data1 的地址	

对象 a、b、c 在内存中的存储情况见图 7-3。

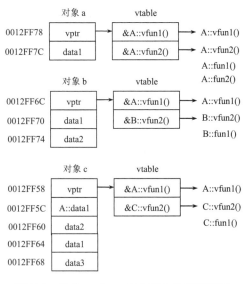

图 7-3　对象 a、b、c 在内存中的存储情况

7.4　纯虚函数与抽象类

虚函数的声明一般是在基类中进行的。在"形状－点－圆－球"这样的继承关系中，"形状"是比较抽象的概念，我们无法为其定义求面积的函数，但可以在基类中声明一个统一的接口，在派生类中再给出求面积的具体实现。这样的虚函数称为纯虚函数，其语法形式为：

```
virtual 返回类型 函数名(参数列表) = 0; //纯虚函数声明
```

例如：

```
virtual double Area() = 0;
```

注 意

纯虚函数声明中没有函数体，与函数定义"virtual double Area() {}"是有区别的，后者具有函数体，只不过函数体是空的。

含有纯虚函数的类称为抽象类。

由于纯虚函数没有实现部分，因此不能定义抽象类的对象，即抽象类不能实例化。但可以声明抽象类引用或指向抽象类的指针。

在抽象类基础上派生出的新类中，如果给出了所有纯虚函数的实现，那么该派生类就不再是抽象类；如果派生类没有给出所有纯虚函数的实现，那么该派生类仍然是抽象类。

例 7-6．抽象类。

```
//**************************************************************
```

```
//例 7-6．抽象类
//ex7-6.cpp
//*****************************************************
#include <iostream>
using namespace std;
const double PI=3.14159;
//Shape 为抽象类
class Shape
{
public:
    virtual double Area() = 0;        //纯虚函数
};
//Point 也为抽象类
class CPoint: public Shape
{
public:
    CPoint(double a = 0, double b = 0) { x = a; y = b; }
private:
    double x, y;
};
//Circle 不再是抽象类
class Circle: public CPoint
{
public:
    Circle (double a, double b, double r): CPoint(a,b) { radius=r; }
    virtual double Area() { return PI*radius*radius; }      //圆面积
    double GetRadius() { return radius; }
private:
    double radius;
};
//Sphere 不是抽象类
class Sphere: public Circle
{
public:
    Sphere(double a, double b, double r): Circle(a,b,r) { }
    virtual double Area() { double d=GetRadius(); return 4*PI*d*d; }
                                                    //球表面积
    double Volume() { double d = GetRadius(); return PI*d*d*d*4/3; }
                                                    //球体积
};
//函数定义
void Show(CPoint& s) { cout << s.Area() << endl; }
//主函数
int main()
{
```

```
        Sphere s(1, 2, 2);        //Sphere 对象
        Circle c(1, 2, 2);        //Circle 对象
        Show(s);                  //计算并输出球表面积，多态
        Show(c);                  //计算并输出圆面积，多态
        return 0;
    }
```

运行结果：

```
    50.2654
    12.5664
```

在这个例子中，由于 CPoint 类中没有给出纯虚函数 Area()的定义，因此它仍然是抽象类。可以看出，抽象类 Shape 只包含公共接口，在派生类 Circle 和 Sphere 中给出了 Area()的具体实现。这样在调用只需要基类接口的函数 Show()时，实现了多态。

在第 5 章我们学习了函数对象的概念。下面列举一个综合使用函数对象和多态性的例子，计算一元函数的定积分。计算定积分的方法之一是矩形法，即将 low 和 high 之间的积分范围划分为若干分区，通过计算分区面积之和来近似得到曲线下的总面积，如图 7-4 所示。

图 7-4 函数定积分算法

创建一个函数对象类层次结构，该层次结构的基类是一个简单接口类，类内仅声明一个纯虚 operator()() 函数，这样计算积分的函数 integrate()就能够与任意 Func（包括派生类）函数对象进行整合。将基类与函数 integrate()的定义单独放在一个头文件中，以方便用户编写求不同函数积分的应用程序。

例 7-7. 计算定积分——头文件中定义基类和函数 integrate()。

```
//********************************************************
//例 7-7. 计算定积分——头文件中定义基类和函数 integrate()
//ex7-7.h
//********************************************************
#ifndef  EX7_7_H
    #define  EX7_7_H
class Func
{
public:
    virtual double operator()(double) = 0; //纯虚函数
};
double integrate(Func& f, double low, double high) //计算积分的函数
{
    const int numsteps = 8;            //分区数
    double step = (high-low)/numsteps; //步长
    double area = 0.0;
    while( low < high )
    {
        area += f(low) * step;          //计算小矩形面积
```

```
            low += step;
        }
        return area;
    }
#endif  //EX7_7_H
```

```
//************************************************
//例7-7. 计算定积分——求不同函数积分
//ex7-7.cpp
//************************************************
#include "ex7-7.h"
#include <iostream>
#include <cmath>
using namespace std;
//派生类定义
class Sin: public Func
{
public:
    virtual double operator()(double x) { return sin(x);}
                                                      //y = sin(x)
};
class Square: public Func
{
public:
    virtual double operator()(double x) { return x*x;} //y = x²
};
//主函数
int main ()
{
    Sin  obj1;        //声明一个Sin类对象
    cout << integrate(obj1, 0.0, 3.14/2) << endl;
                                        //正弦函数在[0, π/2]的积分
    Square  obj2;     //声明一个Square类对象
    cout << integrate(obj2, 0, 2) << endl; //平方函数在[0, 2]的积分
    return 0;
}
```

运行结果：

```
0.89787
2.1875
```

从这个例子可以看出，通过定义纯虚函数，在不改变积分函数 integrate()原有代码的基础上，使得从Func类派生出的任何新类型，都可以直接通过integrate()计算定积分。

列举例7-7的目的是为了说明虚函数及动态多态性的功能。实际上，上例中将积分函数integrate()的第一个参数类型规定为函数，将使程序代码更加简练，具体如下。

例 7-8. 计算定积分——头文件中函数 integrate()。

```
//********************************************************
//例 7-8. 计算定积分——头文件中函数 integrate()
//ex7-8.h
//********************************************************
#ifndef EX7_8_H
    #define EX7_8_H
//integrate()的第一个参数为函数类型
double integrate(double f(double), double low, double high)
{
    const int numsteps = 8;              //分区数
    double step = (high-low)/numsteps;   //步长
    double area = 0.0;
    while( low < high )
    {
        area += f(low) * step;           //计算小矩形面积
        low += step;
    }
    return area;
}
#endif  //EX7_8_H


//********************************************************
//例 7-8. 计算定积分--求不同函数积分
//ex7-8.cpp
//********************************************************
#include "ex7-8.h"       //包含头文件
#include <iostream>
#include <cmath>
using namespace std;
//函数定义
double fun(double x) { return x*x; }        //y = x², 自定义函数
//主函数
int main ()
{
    cout << integrate(sin, 0.0, 3.14/2) << endl;
                                //库函数, sin()在[0, π/2]的积分
    cout << integrate(fun, 0, 2) << endl;
                                //自定义函数, 在[0, 2]的积分
}
```

运行结果：

```
0.89787
2.1875
```

显然例 7-8 的程序代码比例 7-7 更加简练，另外由于没有虚机制的运行时问题，程序的执行效率也会更高一些。因此，实际编程时应综合考虑，设计出最佳编程方案。

7.5 小结

虚函数是用 virtual 关键字声明的非静态成员函数。虚函数机制使得函数调用与函数体的联系可以在程序运行时确定。要想实现运行时的多态，必须满足三个条件：

- public 继承；
- 虚函数；
- 通过指针（或引用）调用虚函数。

构造函数不能是虚函数，析构函数可以是虚函数，而且常常被声明为虚函数。若基类的析构函数是虚函数，则所有派生类的析构函数都自动为虚函数。

对于含虚函数的类，编译器为每个类建立一个虚函数表，表中存放该类虚函数的地址。编译器还为每个类添加指针成员 vptr，指向虚函数表。程序运行时，通过对象的 vptr 找到虚函数表，再找到虚函数的真正地址，从而实现动态绑定。

含有纯虚函数的类称为抽象类。由于纯虚函数本身没有实现部分，因此不能定义抽象类的对象。抽象类只能作为基类。若派生类没有给出基类中纯虚函数的实现，则该派生类仍然是抽象类。

习 题 7

1．设计哺乳动物（Mammal）—狗（Dog）—哈巴狗（Pug）的继承关系，三个类都定义 Speak()虚成员函数。设计外部函数 Talk()调用虚函数，参数为 Mammal 类引用，测试多态性。

2．修改第 6 章第 4 题，将 Employee 定义为抽象类，pay()为纯虚函数。在主函数中声明 Employee 类指针，分别指向 Manager、Technician、Salesman、Salesmanager 类对象，调用虚函数 pay()，观察输出结果。

3．利用继承与多态，编写用三种方法计算函数定积分的程序。假设被积函数为 $\sin(x)$，下限为 0.0，上限为 $\pi/2$。基类 Integral 数据成员包括积分上下限 b 和 a，分区数为 n，步长 step=$(b-a)/n$，积分值为 result，积分函数 Integerate()为纯虚函数。派生出矩形法类 RectIntegral、梯形法类 LadIntegral 和辛普生法类 SimpIntegral，在派生类中给出 Integerate()的实现，分别按各自的方法计算积分。在主函数中声明 Integral 类指针，分别指向三个派生类对象，调用虚函数 Integerate()，并输出积分结果。

矩形法计算积分近似公式：$\int_a^b f(x)\mathrm{d}x \approx \Delta x(y_0 + y_1 + \cdots + y_{n-1})$

梯形法计算积分近似公式：$\int_a^b f(x)\mathrm{d}x \approx \dfrac{\Delta x}{2}[y_0 + 2(y_1 + \cdots + y_{n-1}) + y_n]$

辛普生法计算积分近似公式（n 为偶数）：

$$\int_a^b f(x)\mathrm{d}x \approx \frac{\Delta x}{3}[y_0 + y_n + 4(y_1 + y_3 \cdots + y_{n-1}) + 2(y_2 + y_4 + \cdots + y_{n-2})]$$

第 8 章

模　板

内容提要

　　模板把函数或者类要处理的数据类型参数化，是一种重用源代码的机制，表现为参数类型的多态性，是提高软件开发效率的一个重要手段。

　　本章介绍函数模板的定义、重载与专门化，类模板的定义、专门化、用作函数参数及返回类型，以及类模板的继承与派生等内容。

8.1　函数模板

8.1.1　函数模板的定义与使用

　　函数重载为参数不同、功能类似的函数定义相同的名字，使用户感到含义清楚。但是对于函数设计者而言，仍要分别定义每个函数。例如，比较两参数值大小的函数，如果要考虑多种数据类型，就需要重载多个函数：

```
char Larger(char x, char y) { return (x > y) ? x : y ; }
int Larger(int x, int y) { return (x > y) ? x : y ; }
double Larger(double x, double y) { return (x > y) ? x : y ; }
```

　　这些函数的实现部分是完全一样的。对于这种功能相似、数据类型不同的函数，能不能只编写一次源代码呢？

　　答案是肯定的。我们可以定义一个函数，它的返回类型或参数类型（部分或全部）不具体指定，而用一个或多个抽象的类型参数来表示，这种函数形式就称为函数模板。在调用函数的地方，编译器会用具体的实参类型代替抽象的类型参数，这个过程称为实例化。

　　定义函数模板的一般形式为：

```
template < typename T1, typename T2>
类型 函数模板名(参数列表) {…}
```

　　其中，template 和 typename 是关键字。typename 也可用 class 代替，但后者容易与类定义中的 class 混淆，因此在本书我们使用 typename 关键字。尖括号内的 T1 和 T2 是类型参数，也可以用其他符号表示。类型参数可以有一个，也可以有多个，中间用逗号分开。其实现部分与一般函数的定义形式一致，只不过数据类型用类型参数代替。例如，对于前面的三个 Larger()函数，我们定义如下一个函数模板：

```
template <typename T>
T Larger(T x, T y) {return (x > y) ? x : y ; }
```

使用函数模板时，即在函数调用处，要用具体类型代替类型参数，例如：

```
Larger <int, int>(3, 4);
```

如果编译器能够根据实参的类型将函数模板中的所有类型参数都用具体类型代替，那么函数模板的调用也可以写为如下形式：

```
Larger(3, 4);
```

这与一般函数的调用形式一样。如果编译器不能根据实参类型将所有的类型参数都具体化，那么调用函数模板就必须采用第一种形式。不过，模板中经常遇到的情况是只含一个类型参数，而且在参数列表中一般都要用到，因此也就经常使用第二种调用形式。

例 8-1. 求两数之和的函数模板。

```
//************************************************************
//例 8-1. 求两数之和的函数模板
//ex8-1.cpp
//************************************************************
#include <iostream>
using namespace std;
//函数模板定义，T 为类型参数
template <typename T>
T add(T x, T y) { return (x + y); }
//主函数
int main()
{
    double d1 = 0.5, d2 = 8.8;
    cout << add(2, 3) << endl; //T→int. 函数调用可写为 add<int>(2, 3)
    cout << add(d1, d2) << endl;
                    //T→double. 函数调用可写为 add<double>( d1, d2)
    return 0;
}
```

运行结果：

```
5
9.3
```

上面的例子两次调用了 add()，分别计算两个 int 型数据和两个 double 型数据之和。可以看出，采用函数模板只需编写一次源代码，而算法适用于多种数据类型。因此函数模板又称为泛型函数、通用函数等。

实际上，函数模板并不是一个真正的函数。程序编译时，编译器根据调用语句中的实参类型对函数模板进行实例化，生成一个具体的可运行的函数。例如，编译 add(2,3)时，编译器发现 2 和 3 是 int 型的，于是使用如下版本的函数：

```
int add(int x, int y) { return (x + y); }
```

编译 add(d1, d2)时，编译器发现 d1 和 d2 是 double 型的，于是使用如下版本的函数：

```
double add(double x, double y ) { return (x + y); }
```

函数模板的参数列表中也可以带其他类型的参数。

例 8-2. 求数组中元素之和的函数模板。

```cpp
//********************************************************
//例 8-2. 求数组中元素之和的函数模板
//ex8-2.cpp
//********************************************************
#include <iostream>
using namespace std;
//函数模板定义，T 为类型参数
template <typename T>
T add(T* s, int n)          //求数组中元素之和
{
    T temp = 0;
    for(int i = 0; i < n; i++)
        temp += s[i];
    return temp;
}
//主函数
int main()
{
    double d1[] = {1.1, 4.4, 2.2, 3.5};
    cout << add(d1, sizeof(d1)/sizeof(d1[0])) << endl;
    int d2[] = {1, 4, 2, 3};
    cout << add(d2, sizeof(d2)/sizeof(d2[0])) << endl;
    return 0;
}
```

运行结果：

```
11.2
10
```

下例求数组元素中的最大/最小值，以及最大元素索引和最小元素索引，为了适用于不同的数据类型，将函数设计为模板；由于要返回 4 个数值，因此通过把函数参数定义为引用类型实现。

例 8-3. 求数组元素的最大/最小值及其索引，并返回。

```cpp
//********************************************************
//例 8-3. 求数组元素的最大/最小值及其索引，并返回
//ex8-3.cpp
//********************************************************
#include <iostream>
using namespace std;
//函数模板定义
template <typename T>
void MaxMin(T* s, int n, T& max, T& min, int& mk, int& nk)
{
```

```
        max = min = s[0];
        mk = nk = 0;
        for(int i=0; i<n; i++)
        {
            if (s[i]>max) { max = s[i]; mk = i; }
            else if (s[i]<min) { min = s[i]; nk = i; }
        }
    }
    //主函数
    int main()
    {
        int mi, ni;
        double a[]={1.1, 4.4, 2.2, 3.3};
        double dmax, dmin;
        MaxMin(a, 4, dmax, dmin, mi, ni);
        cout << "a 数组的最大/最小元素值及它们的索引分别为: " << endl;
        cout << dmax << ", " << dmin << ", " << mi << ", " << ni << endl;
        int b[]={3, 1, 4, 2};
        int imax, imin;
        MaxMin(b, 4, imax, imin, mi, ni);
        cout << "b 数组的最大/最小元素值及它们的索引分别为: " << endl;
        cout << imax << ", " << imin << ", " << mi << ", " << ni << endl;
        return 0;
    }
```

运行结果：

 a 数组的最大/最小元素值及它们的索引分别为：

4.4, 1.1, 1, 0

 b 数组的最大/最小元素值及它们的索引分别为：

4, 1, 2, 1

8.1.2 函数模板重载

函数模板也可以像普通函数一样进行重载。

例 8-4. 重载函数模板。

```
//*********************************************************
//例 8-4. 重载函数模板
//ex8-4.cpp
//*********************************************************
#include <iostream>
using namespace std;
//求两个值中的较大者
template <typename T>
T Max(T x1, T x2) { return (x1>x2)?x1:x2; }
//求三个值中的最大者
```

```
template <typename T>
T Max(T x1, T x2, T x3) { return Max((x1,x2),x3); }
//求数组中的最大元素值
template <typename T>
T Max(T* s, int n)
{
    T max = s[0];
    for(int i=0; i<n; i++)
        if(s[i]>max) max = s[i];
    return max;
}
//主函数
int main()
{
    double a[]={1.1, 4.4, 2.2, 8.8};
    cout << Max(a[0], a[1]) << ", ";           //输出 a 前两个元素中的最大者
    cout << Max(a[0], a[1], a[2]) << ", ";     //输出 a 前三个元素中的最大者
    cout << Max(a, 4) << endl;                 //输出 a 的最大元素值
    cout << Max('A', 'D') << endl;             //输出字符 A 与 D 中的最大者
    char s[] = "C++ Programming.";
    cout << Max(s, sizeof(s)/sizeof(s[0])) << endl;
                                               //输出字符数组中值最大的字符
    return 0;
}
```

运行结果：

```
4.4, 4.4, 8.8
D
r
```

编译器通过匹配过程，可以正确决定应该调用哪个函数体。当程序中同时重载有函数模板和非模板函数时，编译器会优先选用非模板函数，当然前提是类型最佳匹配。如果一个调用有多于一个的匹配选择，说明函数或函数模板在定义时存在歧义，编译时将会出错。

8.1.3　函数模板专门化

使用函数模板，编译器会根据实参类型自动将模板实例化，即用具体的数据类型代替类型参数。C++也提供一种将模板显性专门化的语法。即定义函数时，使用前缀"template<>"，后面是针对具体数据类型的函数定义。例如，针对 string 类型的比较函数，可专门定义为：

```
template < >
string Larger<string> (string x1, string x2)
                      { return (x1 > x2)? x1 : x2; }
```

"template < >"用于告诉编译器，当数据类型为 string 时，选用专门化的函数定义形

式。其中函数名 Larger 后面的< string >可以省略。即：

```
template < >
string Larger(string x1, string x2) { return (x1 > x2)? x1 : x2; }
```

例 8-5. 函数模板专门化。

```
//***********************************************
//例 8-5. 函数模板专门化
//ex8-5.cpp
//***********************************************
#include <iostream>
#include <string>              //要用标准库中的 string 类型
using namespace std;
//求两个值中的较大者
template <typename T>
T Larger(T x1, T x2) { return ( x1 > x2 ) ? x1 : x2; }
//专门化函数模板，比较两字符串
template < >
string Larger <string> (string x1, string x2)
{
    cout << "template < >" << endl;
    return (x1 > x2) ? x1 : x2;
}
//主函数
int main()
{
    double a1 = 2.5, a2 = 5.5;
    string b1("string-b1"), b2("string-b2");
    cout << Larger (a1, a2) << endl;    //比较两个实数
    cout << Larger (b1, b2) << endl;    //比较两个 string 对象
    return 0;
}
```

运行结果：

```
5.5
template < >
string-b2
```

可以看出，当程序执行到"Larger (b1, b2)"时，调用的是专门化的函数模板定义。

8.1.4 使用标准库中的函数模板

C++标准库中的算法函数基本上都是函数模板（泛型函数），适用于数组等容器类型，我们编程时可以直接使用，但要用"#include"包含相应的头文件。主要的头文件有<algorithm><utility><functional><numeric>等。

下面的例子演示如何使用标准库中定义的泛型函数，进行数组元素的排序、复制、输出等操作。

例 8-6. 使用标准库中的函数模板。

```
//*********************************************************
//例 8-6. 使用标准库中的函数模板
//ex8-6.cpp
//*********************************************************
#include <iostream>
#include <algorithm>  //要用其中的 copy()等函数模板
using namespace std;
int main()
{
    double a[]={1.1, 4.4, 2.2, 3.3}, b[4];
    copy(a, a+4, ostream_iterator<double> (cout, "  "));
                                      //正向输出数组 a, 空格隔开
    cout << endl;
    sort(a, a+4);                     //对 a 的元素由小到大排序
    copy(a, a+4, b);                  //将 a 复制到 b 中
    copy(b, b+4, ostream_iterator<double> (cout, "  "));
                                      //正向输出数组 b
    cout << endl;
    reverse_copy(b, b+4, ostream_iterator<double> (cout, "  "));
                                      //逆向输出数组 b
    cout << endl;
    return 0;
}
```

输出结果：

```
1.1  4.4  2.2  3.3
1.1  2.2  3.3  4.4
4.4  3.3  2.2  1.1
```

可以看出，采用标准算法函数 copy()或 reverse_copy()可以很方便地实现数组元素的复制、输出等操作。"copy(a, a+4, ostream_iterator<double>(cout, " "));"的作用是将 a 中的 4 个数据输出到标准输出设备（屏幕）上，数据之间用空格隔开。ostream_iterator 是标准库中定义的一个类模板，通过它可使库中的标准算法可用于操作流对象 cout，详情见第 10 章。

8.2 类模板

8.2.1 类模板的定义与使用

我们已经知道，对于功能相同而数据类型不同的操作，不必分别定义函数，可以定义一个适用于任何数据类型的函数模板，在调用函数处，编译器会用实参类型代替函数模板中的类型参数。抽象数据类型（类）也同样可以定义为模板，即类模板。

我们定义一个类模板，就像制造一个能够装水、油、食品等物品的容器，适用于多种

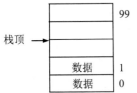

图 8-1　栈的工作原理

不同的数据类型。在创建类对象的地方，编译器会用实际数据类型代替类模板中的类型参数，形成模板类，这是一个实例化的过程。通常，为了确保在每个必须实例化类模板的文件中都有类模板的定义，类模板的定义应该放在头文件中。

　　下面以栈为例，说明类模板的设计方法。假设有一个能容纳 100 个元素的栈，如图 8-1 所示。当向栈内压入数据时，先把数据压入当前单元，然后栈顶位置加 1，指向上面一个单元；当从栈内弹出数据时，先把栈顶位置减 1，指向下面一个单元，然后弹出数据。

　　根据上面的逻辑，设计如下能够容纳 int 型数据的栈类：

```
//类的声明
class IntStack
{
public:
    IntStack();                        //构造函数声明
    void push(const int& element);     //将元素 element 压入栈
    int pop();                         //弹出元素
private:
    enum { size = 100 };               //栈的大小
    int stack[size];                   //存放栈元素的数组
    int top;                           //栈顶位置
};
//类的实现
IntStack::IntStack(): top(0) { }       //构造函数，栈顶位置初始化为 0
void IntStack::push(const int& element)
{
    if (top== size) exit(1);           //如果栈满，终止程序
        stack[top++] = element;        //否则将数据压入栈，栈顶位置加 1
}
int IntStack::pop()
{
    if (top==0) exit(1);               //如果栈空，终止程序
        return stack[--top];           //否则栈顶位置减 1，弹出数据
}
```

　　上面定义的类 **IntStack** 是一个只能存放 int 型数据的栈，若我们想存放 double 型或自定义的 **CPoint** 等类型的数据，则需要重新定义两个新类。可以看出，这样做使得源代码过于庞大。利用类模板，就可以解决这个问题。类模板的定义形式如下：

```
template <typename T1, typename T2>
类定义
```

　　其中，**template** 和 **typename** 是关键字。尖括号内的 T1 和 T2 是类型参数，也可以用其他符号表示。类型参数可以有一个，也可以有多个，中间用逗号分开。后面的"类定义"与一般的类定义形式一致，只不过数据类型用类型参数代替。

类模板的成员函数都是函数模板。

在下面的例子中，定义一个适用于各种数据类型的栈类模板 TStack，在主函数中，我们可以看出如何基于 TStack 创建不同数据类型的栈类对象。

例 8-7．类模板设计及应用。

```cpp
//*****************************************************
//例 8-7. 类模板设计及应用
//ex8-7.cpp
//*****************************************************
#include <iostream>
using namespace std;
//类模板的声明
template <typename Type>           //Type 是类型参数
class TStack
{
public:
    TStack(): top(0) { }           //构造函数定义，栈顶位置初始化为 0
    void push(const Type& element);//将元素 element 压入栈
    Type pop();                    //弹出元素
private:
    enum { size = 100 };           //栈的大小
    Type stack[size];              //存放栈元素的数组
    int top;                       //栈顶位置
};
//类模板的实现
//注意：类模板的成员函数如果定义在类外，必须是函数模板的形式
template <typename Type>
void TStack<Type>::push(const Type& element)
{
    if (top == size) exit(1);      //如果栈满，终止程序
        stack[top++] = element;    //否则将数据压入栈，栈顶位置加 1
}
template <typename Type>
Type TStack<Type>::pop()
{
    if (top == 0) exit(1);         //如果栈空，终止程序
        return stack[--top];       //否则栈顶位置减 1，弹出数据
}
//主函数
int main()
{
    TStack<int>  is;               //建立栈对象 is，Type→int
    for(int i = 0; i < 10; i++)
        is.push(i);                //向栈中压入整型数 0~9
```

```
    for(int k = 0; k < 10; k++)
        cout << is.pop() << ", ";    //弹出 9~0，并输出到屏幕上
    TStack<double> ds;               //建立栈对象 ds，Type→double
    ds.push(3.14);                   //把 3.14 压入栈
    cout << ds.pop() << endl;        //弹出 3.14，并输出到屏幕上
    return 0;
}
```

运行结果：

```
    9, 8, 7, 6, 5, 4, 3, 2, 1, 0, 3.14
```

在类模板 TStack 的定义中，用类型参数 Type 代替了 IntStack 中的具体类型 int。由于类模板的成员函数都是函数模板，因此在外部定义时需要用"TStack<Type>::"进行限制，"TStack<Type>"等价于类的名字。在基于类模板建立对象时，要用具体数据类型代替类型参数 Type。主函数中的对象 is 对应的类名是 TStack<int>。

8.2.2 类模板专门化

像函数模板一样，类模板也可以使用前缀 template<>进行专门化定义。以上面的栈模板为例，当要产生 int、double 型的模板类时，使用类模板 TStack 进行实例化；当要产生 string 型栈时，使用专门化的定义。下例将类模板成员函数的定义放在类内。

例 8-8. 类模板专门化。

```
//********************************************************
//例 8-8. 类模板专门化
//ex8-8.cpp
//********************************************************
#include <iostream>
#include <string>
using namespace std;
//类模板的声明
template <typename Type>                //Type 是类型参数
class TStack
{
public:
    TStack(): top(0) { }                //构造函数定义，将栈顶位置初始化为 0
    void push(const Type& element)      //将元素 element 压入栈
    {
        if(top == size) exit(1);        //如果栈满，终止程序
            stack[top++] = element;     //否则将数据压入栈，栈顶位置加 1
    }
    Type pop()                          //弹出元素
    {
        if(top == 0) exit(1);           //如果栈空，终止程序
            return stack[--top];        //否则栈顶位置减 1，弹出数据
    }
```

```
private:
    enum { size = 100 };                    //栈的大小
    Type stack[size];                       //存放栈元素的数组
    int top;                                //栈顶位置
};
//类模板专门化
template < >
class TStack<string>     //注意，不能忘记类名 TStack 后面的<string>！
{
public:
    TStack(): top(0) { cout << "template < >" << endl; }//构造函数定义
    void push(const string& element)        //将 string 型元素压入栈
    {
        if (top == size) exit(1);           //如果栈满，终止程序
            stack[top++] = element;         //否则将数据压入栈，栈顶位置加 1
    }
    string pop()                            //弹出 string 型元素
    {
        if (top == 0) exit(1);              //如果栈空，终止程序
            return stack[--top];            //否则栈顶位置减 1，弹出数据
    }
private:
    enum { size = 100 };                    //栈的大小
    string stack[size];                     //存放 string 型元素的数组
    int top;                                //栈顶位置
};
//主函数
int main()
{
        TStack<int>  is;                    //建立栈对象 is，Type→int
        for(int i = 0; i < 10; i++)
            is.push(i);                     //向栈中压入整型数 0~9
        for(int k = 0; k < 10; k++)
            cout << is.pop() <<", ";        //弹出 9~0，并输出到屏幕上
        TStack<double> ds;                  //建立栈对象 ds，Type→double
        ds.push(3.14);                      //把 3.14 压入栈
        cout << ds.pop() << endl;           //弹出 3.14，并输出到屏幕上
        TStack<string> str;                 //建立放 string 元素的栈对象
        str.push("C++");                    //把"C++"压入栈
        cout << str.pop() << endl;          //弹出"C++"，并输出到屏幕上
        return 0;
}
```

运行结果：

```
9, 8, 7, 6, 5, 4, 3, 2, 1, 0, 3.14
```

```
template < >
C++
```

通过在类模板的专门化定义构造函数中输出"template < >"，可以让我们看出建立string 型栈时是否采用了专门化类模板。结果证明，当建立 int、double 型栈时，使用的是类模板 TStack，而建立 string 型栈时，使用的是专门化类模板。

8.2.3　作为函数的参数及返回类型

C++支持的任何数据类型都可以作为函数（模板）的参数和返回类型，类或类模板也一样。下面的例子将类模板（结构模板）作为函数模板的返回类型。

例 8-9．求数组元素的最大/最小值及其索引，并返回（方法 1）。

```
//*******************************************************
//例 8-9. 求数组元素的最大/最小值及其索引，并返回
//请与例 8-3 比较
//ex8-9.cpp
//*******************************************************
#include <iostream>
using namespace std;
//定义结构存放数组元素的最大/最小值及其索引
template <typename T>
struct Data
{
    T max, min;
    unsigned int mk, nk;
}; //此处分号不能少！
//函数模板的返回类型为 Data<T>
template <typename T>
Data<T> MaxMin(T* s, int n)
{
    Data<T> r;
    r.max = r.min = s[0];
    r.mk = r.nk = 0;
    for(int i=0; i<n; i++)
    {
        if (s[i]>r.max) { r.max = s[i]; r.mk = i; }
        else if (s[i]<r.min) { r.min = s[i]; r.nk = i; }
    }
    return r;
}
//主函数
int main()
{
    double a[] = {1.1, 4.4, 2.2, 3.3};
    Data<double> d1 = MaxMin( a, 4 );
```

```
        cout << "a 数组的最大/最小元素值及它们的索引分别为: " << endl;
        cout << d1.max << "," << d1.min << "," << d1.mk << "," << d1.nk
            << endl;
        int b[] = {3, 1, 4, 2};
        Data<int> d2 = MaxMin( b, 4 );
        cout << "b 数组的最大/最小元素值及它们的索引分别为: " << endl;
        cout << d2.max << "," << d2.min << "," << d2.mk << "," << d2.nk
            << endl;
        return 0;
    }
```

运行结果:

    a 数组的最大/最小元素值及它们的索引分别为:

    4.4, 1.1, 1, 0

    b 数组的最大/最小元素值及它们的索引分别为:

    4, 1, 2, 1

将上例进行修改, 则得到下面将类模板作为函数模板参数的例子, 运行结果与上例相同。

例 **8-10**. 求数组元素的最大/最小值及其索引, 并返回 (方法 2)。

```
//********************************************************
//例 8-10. 求数组元素的最大/最小值及其索引, 并返回
//请与例 8-3 及例 8-9 比较
//ex8-10.cpp
//********************************************************
#include <iostream>
using namespace std;
//定义结构存放数组元素的最大/最小值及其索引
template <typename T>
struct Data
{
    T max, min;
    unsigned int mk, nk;
};
//Data<T>为函数模板的参数类型之一, 函数返回类型为 void
template <typename T>
void MaxMin(T* s, int n, Data<T>& r)
{
    r.max = r.min = s[0];
    r.mk = r.nk = 0;
    for(int i=0; i<n; i++)
    {
        if (s[i]>r.max) { r.max = s[i]; r.mk = i; }
        else if (s[i]<r.min) { r.min = s[i]; r.nk = i; }
    }
```

```
    }
//主函数
int main()
{
    double a[] = {1.1, 4.4, 2.2, 3.3};
    Data<double> d1;
    MaxMin( a, 4, d1 );
    cout << "a 数组的最大/最小元素值及它们的索引分别为: " << endl;
    cout << d1.max << "," << d1.min << "," << d1.mk << "," << d1.nk
        << endl;
    int b[] = {3, 1, 4, 2};
    Data<int> d2;
    MaxMin( b, 4, d2);
    cout << "b 数组的最大/最小元素值及它们的索引分别为: " << endl;
    cout << d2.max << "," << d2.min << "," << d2.mk << "," << d2.nk
        << endl;
    return 0;
}
```

8.2.4　使用标准库中的类模板

例 8-7 中定义了一个简单的栈类模板 TStack。实际上 C++标准库已经为我们定义了一个栈类模板 stack，使用时只要包含头文件<stack>即可。C++标准库中的类型大部分以模板的形式定义，具体见第 10 章。

例 8-11. 标准库中的栈类模板使用。

```
//********************************************************
//例 8-11. 标准库中的栈类模板使用
//ex8-11.cpp
//********************************************************
#include <iostream>
#include <stack>                        //使用 stack
using namespace std;
int main()
{
    int i = 0;
    stack <int> intstack;               //建立栈 intstack
    for (i = 0; i < 10; i++)
        intstack.push(i);               //将 0~9 压入栈
    while(!intstack.empty())
    {
        cout << intstack.top() << ' ';  //读出栈顶元素并输出
        intstack.pop();                 //删除栈顶元素
    }
```

```
        return 0;
    }
```

运行结果：

```
9 8 7 6 5 4 3 2 1 0
```

例 8-12. 标准库中的类模板作为函数参数。

```
//****************************************************
//例 8-12. 标准库中的类模板作为函数参数
//ex8-12.cpp
//****************************************************
#include <iostream>
#include <complex>
using namespace std;
//定义函数模板 display，其参数类型是标准库中的 complex 类模板
template <typename T>
void display(complex<T>& r)
{
    cout << r.real() << ", " << r.imag() << endl;
}
int main()
{
    complex<int> c1(2, 4);
    complex<double> c2(2.5, 4.5);
    display(c1);
    display(c2);
    return 0;
}
```

运行结果：

```
2, 4
2.5, 4.5
```

8.2.5　类模板的继承与派生

类模板可以使用友元，也可以继承与派生，其基类和派生类可以是模板、也可以不是模板。下面列举几个类模板继承与派生的例子。

例 8-13. 从非模板类派生出类模板。

```
//****************************************************
//例 8-13. 从非模板类派生出类模板
//ex8-13.cpp
//****************************************************
#include <iostream>
using namespace std;
//非模板类
class CPoint
```

```
{
public:
    CPoint(int x, int y) { X = x; Y = y; }
    void display() { cout << X << ", " << Y << endl; }
private:
    int X, Y;          //数据成员
};
//类模板，继承的(X,Y)是圆心坐标
template <typename T>
class Circle: public CPoint
{
public:
    Circle(int x, int y, T r ): CPoint(x,y) { radius = r; }
    void display()
        { CPoint::display(); cout << "radius= " << radius << endl; }
private:
    T radius;          //数据成员
};

//主函数
int main()
{
    Circle<int> c1(2, 3, 2);              //派生类对象
    c1.display();
    Circle<double> c2(2, 3, 2.5);         //派生类对象
    c2.display();
    return 0;
}
```

运行结果：

```
2, 3
radius= 2
2, 3
radius= 2.5
```

例 8-14. 从模板类派生出非模板类。

```
//********************************************************
//例 8-14. 从模板类派生出非模板类
//ex8-14.cpp
//********************************************************
#include <iostream>
using namespace std;
//类模板
template <typename T>
class CPoint
{
```

```cpp
public:
    CPoint(T x, T y) { X = x; Y = y; }
    void display() { cout << X << ", " << Y << endl; }
private:
    T X, Y;           //数据成员
};
//非模板类，基类模板的类型参数应实例化
class Circle: public CPoint<double>     //Circle 继承自 CPoint<double>
{
public:
    Circle(double x, double y, int r ): CPoint<double>(x,y)
        { radius = r; }
    void display(){CPoint<double>::display();
    cout << "radius= "<<radius << endl;}
private:
    int radius;       //数据成员
};
//主函数
int main()
{
    CPoint<int> cp(4, 5);         //基类对象
    cp.display();
    Circle c(2.5, 3.5, 2);        //派生类对象
    c.display();
    return 0;
}
```

运行结果：
```
4, 5
2.5, 3.5
radius= 2
```

例 8-15. 从类模板派生出类模板。

```cpp
//*******************************************************
//例 8-15. 从类模板派生出类模板
//ex8-15.cpp
//*******************************************************
#include <iostream>
using namespace std;
//类模板
template <typename T>
class CPoint
{
public:
    CPoint(T x, T y) { X = x; Y = y; }
    void display() { cout << X << ", " << Y << endl; }
```

```cpp
private:
    T X, Y;          //数据成员
};
//类模板
template <typename T>
class Circle: public CPoint<T>
{
public:
    Circle(T x, T y, T r): CPoint<T>(x,y) { radius = r; }
    void display()
        { CPoint<T>::display(); cout << "radius= " << radius << endl; }
private:
    T radius;       //数据成员
};

//主函数
int main()
{
    CPoint<int> cp(4, 5);
    cp.display();
    Circle<double> c1(2.5, 3.5, 2.5);
    c1.display();
    Circle<int> c2(2, 3, 2);
    c2.display();
    return 0;
}
```

运行结果：

```
4, 5
2.5, 3.5
radius= 2.5
2, 3
radius= 2
```

8.3 小结

模板将数据类型参数化，为我们提供一种源代码重用的方法，为泛型编程提供直接支持。

对于功能相同而数据类型不同的操作，可以定义一个适用于多种数据类型的函数模板，在调用函数处，编译器会用实参类型代替函数模板中的类型参数，这个过程称为实例化。函数模板可以重载。

同样可以定义适用于多种不同数据类型的类模板，类模板的成员函数都是函数模板。

在创建类对象的地方，编译器会用实际数据类型代替类模板中的类型参数，实例化为模板类。类模板可以使用友元，也可以继承与派生，其基类和派生类可以是模板，也可以不是模板。

在多文件程序中，模板（包括函数模板和类模板）的定义应该放在头文件中，以防出现连接错误。C++标准库中包含很多可直接使用的函数模板和类模板，使用时只要包含相应的头文件即可。

习　题　8

1. 编写冒泡排序的函数模板，并进行测试。
2. 设计一个简单的单向链表类模板 List，并进行测试。

第 9 章

异常处理

内容提要

本章介绍 C++语言的异常处理机制及带异常声明的函数，通过实例分析从对象的成员函数抛出异常的几种情况，介绍 C++标准库中定义的异常类型。

9.1 异常处理概述

正常情况下，终止一个程序的运行，程序是从主函数返回系统的。实际上，存在多种终止程序的方法。return 语句的作用是从正在执行的函数返回，也就是终止执行该函数，可以返回一个特定值，让调用函数进行相应的处理，但是这种方式意味着返回值存在被忽略的可能。终止程序运行的另外两种方法是调用 exit()和 abort()，其原型如下：

```
void exit(int status);   //删除静态对象后返回系统
void abort(void);        //立即终止程序
```

另外，assert(表达式)是一个调试宏，一般在调试程序时使用。若表达式的值为 false，则终止程序运行，并显示有错误发生及错误所在的文件及程序行。在程序代码的合适位置插入 assert()，可以有效地帮助程序员找出错误。

我们编写的软件应具有健壮性。软件不仅在正常情况下能够正确运行，在非正常情况下也要具有合理的表现。例如，当出现用户误操作、内存空间不足、外部设备或文件连接不正确等异常情况时，程序应能够做出适当处理，而不能出现死机、丢失数据或其他灾难性的后果。

处理异常情况的基本思想是将异常检测与异常处理分离。引发异常的函数不必具备处理异常的能力，它可以抛出一个异常信息，希望它的调用者捕获并处理这个异常。如果调用者不能处理，还可以将其再抛给上一级调用者。

9.2 异常处理的实现

通过 try、throw、catch 三个语句实现异常处理。任何需要检测异常的语句都放在 try 块中，出现异常时由 throw 语句抛出一个异常信息，由紧跟在 try 块后面的 catch 语句捕捉并进行相应的处理。try 与 catch 总是结合使用的。throw 语句的一般形式是：

```
throw 表达式;
```

　　其中，"表达式"代表一个数值或对象。抛出异常的程序模块一旦抛出了异常，模块内 throw 后面的语句就不再执行了。

　　一个 try 块可与多个 catch 语句（称为异常处理器）联系，每个 catch 语句处理一种类型的异常信息，即：

```
try
{
    //try 块
}
catch(参数声明 1)
{
    //异常处理语句块 1
}
...
    catch(参数声明 n)
{
    //异常处理语句块 n
}
catch(...)
{
    //异常处理语句块 n+1
}
```

　　try 和 catch 中的语句必须用花括号括起来。catch 的参数声明的形式是"数据类型　参数名"，与函数参数类似。其中数据类型可以是 C++允许的任意数据类型，包括类类型。具体要执行哪一个 catch 语句，由抛出异常的类型与 catch 参数的类型相匹配的情况决定。若 catch 块内用不到参数名，则 catch 参数声明中可以省略参数名。

　　检测与处理异常的过程是：程序执行到 try 块内，执行有关语句（包括调用函数），若有异常抛出，且异常的数据类型与某个 catch 参数声明中的数据类型相匹配，则执行该 catch 语句，catch 语句的参数接收抛出异常时传递过来的值。匹配 catch 的顺序是按照 catch 语句出现的顺序进行的。只要找到一个类型匹配的 catch 语句，后面所有的 catch 语句都被忽略，然后执行这些 catch 语句之后的语句。

　　Catch 语句可以不带参数，圆括号内用"..."表示可以捕获任意类型的异常。存在多个 catch 语句时，不带参数的 catch 语句应放在最后。

　　若没有 catch 语句与抛出异常的类型相匹配，则系统调用 terminate()函数（默认调用 abort()函数），紧急终止程序。

　　例 9-1. 处理除数为 0 的异常。

```
//**************************************************
//例 9-1. 处理除数为 0 的异常
//ex9-1.cpp
//**************************************************
#include <iostream>
```

```
using namespace std;
//除法函数定义
double Div(double x, double y)
{
    if(abs(y) < 1e-10)  throw 0.5;
    cout << "after throw in Div()." << endl;
    return x/y;
}
//主函数
int main()
{
    try
    {
        cout << "5.5/1.1 = " << Div(5.5, 1.1) << endl;
        cout << "5.5/0.0 = " << Div(5.5, 0.0) << endl;
        cout << "3.3/1.1 = " << Div(3.3, 1.1) << endl;
    }
    catch(int) { cout << "int exception. " << endl; }
    catch(double d) { cout << "double exception: " << d << endl; }
    catch(...) { cout << "exception. " << endl; }
    cout << "main() end. " << endl;
    return 0;
}
```

运行结果：

```
after throw in Div().
5.5/1.1 = 1
double exception: 0.5
main() end.
```

在 try 块内，程序在第一次调用 Div()计算 5.5/1.1 时，由于除数不为零，所有没有执行 throw 语句，也就没有引发异常，所以执行了 Div()内 throw 后面的语句。在第二次调用 Div()计算 5.5/0.0 时，由于除数为零，通过 throw 语句抛出一个 double 型异常，与第二个 catch 语句匹配。执行完该 catch 语句后，接着执行主函数中所有 catch 语句之后的语句。

异常的类型可以是 C++允许的任意数据类型。下面我们给出一个类类型的情况。

例 9-2. 捕捉类类型的异常。

```
//****************************************************
//例 9-2. 捕捉类类型的异常
//ex9-2.cpp
//****************************************************
#include <iostream>
using namespace std;
//类定义
class Base {};
class Derived: public Base {};
```

```cpp
//主函数
int main()
{
    Base ba;
    Derived de;
    cout << "Exception of Derived: ";
    try { throw de; }
    catch(Derived) { cout << "Catch Derived class." << endl; }
    catch(Base) { cout << "Catch Base class." << endl; }
    cout << "Exception of Base: ";
    try { throw ba; }
    catch(Derived) { cout << "Catch Derived class." << endl; }
    catch(Base) { cout << "Catch Base class." << endl; }
    return 0;
}
```

运行结果:

```
Exception of Derived: Catch Derived class.
Exception of Base: Catch Base class.
```

在上面这个例子中,若将第一个 try 块后的两个 catch 语句顺序交换,则输出为 Catch Base class。如果 catch 的参数类型是基类,那么它能够捕捉基类及所有派生类型的异常。因此,如果 throw 抛出的是一个派生类异常,捕捉派生类型的 catch 语句就应该放在前面。

在多层次 try-catch 结构中,若在当前 try-catch 组合中找不到与异常类型相匹配的 catch 语句,则需到上层 try-catch 组合中寻找匹配的 catch 语句;或者在当前 catch 语句捕捉到异常后并不进行处理,而是希望由上层 try-catch 组合处理,这时需采用不带表达式的 throw 语句把该异常再次抛出。

例 9-3. 多层 try-catch 结构。

```cpp
//****************************************************
//例 9-3. 多层 try-catch 结构
//ex9-3.cpp
//****************************************************
#include <iostream>
using namespace std;
//函数定义
void fun(int& fr)
{
    try
    {
        if (!fr) throw "Warning!"; //如果 flag=0,抛出 char*型异常
        else throw 1; //如果 flag!=0,抛出 int 型异常. 到上层寻找匹配的 catch
    }
    catch(char*) { throw; }          //再次抛出 char*型异常
}
```

```
//主函数
int main()
{
    int flag;
    cin >> flag;
    try { fun(flag); }
    catch(char* str) { cout << "Exception of char*. " << str << endl; }
    catch(int) { cout << "Catch an int exception in main()." << endl; }
    return 0;
}
```

程序运行后，如果我们从键盘输入的是 1，则显示：

```
Catch an int exception in main().
```

如果我们从键盘输入的是 0，则显示：

```
Exception of char*. Warning!
```

在这个例子中，包含两种可能的异常处理过程。若 flag=0，则在调用函数 fun()时抛出 char*型异常，在该函数内的 catch 语句捕捉到该异常，但是没有进行相应的处理，而是简单地将异常再次抛出，其类型与捕捉到的异常类型相同，然后被上层 try-catch 即主函数中的 catch(char* str)再次捕捉到并进行处理。若 flag!=0，则调用函数 fun()时抛出 int 型异常，由于在该函数内找不到匹配的 catch 语句，于是自动到上层 try-catch 组合中寻找，该异常被主函数中的 catch(int)捕捉到并进行相应的处理。

C++标准并不要求一定在 try-block 的作用域中才能抛出异常，异常对象可以在程序的任何地方抛出。但是，若程序中找不到与抛出的异常相匹配的 catch 语句，则系统必须执行 terminate()来终止程序。

9.3　带异常声明的函数

调用一个函数时，如果该函数可能抛出异常，我们希望通过函数接口就能够看到异常的类型，以增强可读性，并方便用户设计异常处理程序。异常声明跟随在函数参数列表之后，通过关键字 throw 来指定。例如，下面带异常声明的函数原型形式中，T 表示函数返回类型，list 表示函数形参表，fun 表示函数名。

```
T fun(list) throw();                //声明该函数不抛出异常
T fun(list);                        //声明该函数可抛出任意类型的异常
T fun(list) throw(T1, T2);          //声明该函数可抛出 T1, T2 类型的异常
```

例 9-4. 带异常声明的函数。

```
//************************************************
//例 9-4. 带异常声明的函数
//ex9-4.cpp
//************************************************
#include <iostream>
using namespace std;
```

```
//函数定义
void fun(int a) throw (int, char, double)
{
    if(a == 1) throw a;           //抛出 int 型 1
    if(a == 2) throw 'c';         //抛出字符'c'
    if(a == 3) throw 0.5;         //抛出 double 型 0.5
}
//主函数
int main()
{
    try { fun(1); fun(2); fun(3); }
    catch(int i) { cout << "int exception: " << i << endl; }
    catch(char ch) { cout << "char exception: " << ch << endl; }
    catch(double d) { cout << "double exception: " << d << endl; }
    cout << "main() end." << endl;
    return 0;
}
```

运行结果：

```
int exception: 1
main() end.
```

可以看出，虽然 try 块中要求调用 fun() 三次，而实际上只调用了一次。因为第一次调用时就抛出了 int 型异常，程序转而执行 catch(int i) 中的语句来处理这个异常，处理完后接着执行所有 catch 后面的语句 "cout << "main() end." << endl;" 了。

9.4　成员函数抛出异常

类对象的生命周期一般有三种状态：构造、运行和析构。这三种不同时期抛出的异常将会产生不同的结果。

9.4.1　一般成员函数抛出异常

我们首先讨论在对象执行时抛出的异常，即执行对象的一般成员函数时出现的异常。

例 9-5. 一般成员函数抛出异常。

```
//****************************************************
//例 9-5. 一般成员函数抛出异常
//ex9-5.cpp
//****************************************************
#include <iostream>
#include <string>
using namespace std;
//类定义
class EBase
```

```
    {
public:
    EBase (string n=""): name(n)
        { cout << "构造 EBase 对象: "<< name << endl; }
    virtual ~EBase() { cout << "析构 EBase 对象: " << name << endl; }
    void fun() { throw "exception"; }        //成员函数抛出一个异常
protected:
    string name;
};
//主函数
int main()
{
    EBase obj1("obj1");
    try
    {
        EBase obj2("obj2"), obj3("obj3");
        //调用下面的成员函数将抛出一个异常，注意对象的析构函数何时被调用
        obj2.fun();
        EBase obj4("obj4");
    }
    catch(char* s) { cout << s << endl; }
    return 0;
}
```

运行结果：

```
    构造 EBase 对象: obj1
    构造 EBase 对象: obj2
    构造 EBase 对象: obj3
    析构 EBase 对象: obj3
    析构 EBase 对象: obj2
    exception
    析构 EBase 对象: obj1
```

从运行结果可以看出，对象的成员函数抛出异常时，该对象的析构函数仍然得到执行，而且是在对象离开作用域时调用析构函数的。因此，C++的异常处理机制不会破坏面向对象的特性。

9.4.2 构造函数抛出异常

先看下面的这个例子，从派生类的构造函数中抛出异常信息。

例 9-6. 构造函数抛出异常。

```
//********************************************************
//例 9-6．构造函数抛出异常
//ex9-6.cpp
//********************************************************
```

```cpp
#include <iostream>
#include <string>
using namespace std;
//基类
class EBase
{
public:
    EBase (string n=""): name(n)
        { cout << "构造 EBase 对象: "<< name << endl; }
    virtual ~EBase() { cout << "析构 EBase 对象: " << name << endl; }
    string Getname() { return name; }
protected:
    string name;
};
//派生类
class EDerived: public EBase
{
public:
    EDerived (string n1="", string n2=""): obj(n2), EBase(n1)
    {
        cout << "开始构造 EDerived 对象: "<< obj.Getname() << endl;
        throw "派生类构造函数抛出异常.";
        cout << "构造 EDerived 对象结束." << endl;
    }
    virtual ~EDerived()
        { cout << "析构 EDerived 对象: " << obj.Getname() << endl; }
protected:
    EBase obj;
};
//主函数
int main()
{
    try
    {
        EDerived obj1("b1", "z1");
        EDerived obj2("b2", "z2");
    }
    catch(char* s) { cout << s << endl; }
    return 0;
}
```

运行结果：

  构造 EBase 对象: b1

  构造 EBase 对象: z1

  开始构造 EDerived 对象: z1

```
析构 EBase 对象: z1
析构 EBase 对象: b1
派生类构造函数抛出异常.
```

从运行结果可以看出，当类对象的构造函数抛出异常时，已经构造完毕的子对象将会逆序地被析构，还没有开始构造的子对象将不再构造。正在构造的对象（构造函数抛出异常的对象）将停止继续构造，并且不执行它的析构函数，也就是说，构造函数中抛出异常将导致对象的析构函数不被执行。

9.4.3 析构函数抛出异常

原则上，析构函数中是不应该再有异常抛出的，因为析构函数的作用就是释放对象占用的资源。如果析构函数中抛出了异常，那么系统将变得非常危险。但是实际的软件开发很难保证析构函数中不会出现异常，如果可能出现异常，好的解决办法就是把异常处理完全封装在析构函数内部，绝对不让异常抛出析构函数之外。例如：

```cpp
virtual ~EDerived()
{
    //把异常完全封装在析构函数内部
    try { throw "在析构函数中抛出一个异常!"; }
    catch(char* s) { cout << s << endl; }
    catch(...) {}
}
```

下面我们再举一个从磁盘文件读取并显示数据的例子，若访问文件失败，则进行异常处理。其中定义了一个异常类型 FileExcep，用来表示文件读入失败。

例 9-7. 文件读入异常处理。

```cpp
//********************************************************
//例 9-7. 文件读入异常处理
//ex9-7.cpp
//********************************************************
#include <iostream>
#include <fstream>              //内含 ifstream
using namespace std;
//类定义
class FileExcep
{
public:
    FileExcep(): message("File not created!") { }
    const char* what() const { return message;}
private:
    const char* message;
};
//主函数
int main()
```

```
    {
        ifstream infile("data.txt", ios::in);//创建一个 ifstream 类型的对象
        try
        {
            if(!infile)  throw FileExcep(); //如果读入失败,抛出异常
        }
        catch(FileExcep& fex)                    //捕捉异常
        {
            cout << fex.what() << endl;      //输出异常
            exit(0);                          //退出程序
        }
        //从文件读入数据
        char ch[50];
        infile.getline(ch, 6);           //从文件中读入 5 个字符,存入 ch 中
        cout << ch << endl;
        infile.close();                  //关闭文件
        return 0;
    }
```

若在当前目录下不存在 data.txt 文件,则程序运行时将抛出 FileExcep 类型的异常对象,catch 语句捕捉到这个异常对象,并调用对象的 what()成员函数,最后屏幕上将显示异常信息 "File not created!",程序退出。如果在当前目录下存在 data.txt 文件,假设它的第一行内容是 "abcdefghijk",则屏幕上将显示 "abcde",程序从主函数正常退出。

➡ 9.5 标准库中的异常类型

C++标准库中定义了一些异常类型,基类是 exception,其他异常类型都派生自该基类,它们的继承层次如图 9-1 所示。

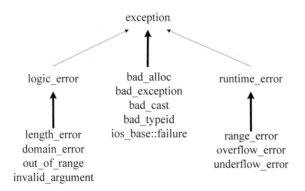

图 9-1 标准异常类型的继承关系

其中,exception 和 bad_exception 在头文件<exception>中定义,bad_alloc 在<new>中定义,bad_cast 和 bad_typeid 在<typeinfo>中定义,ios_base::failure 在<ios>中定义,其他

异常类型在<stdexcept>中定义。

在程序运行期间，当 new 操作失败时会抛出 bad_alloc 异常，dynamic_cast 操作失败时会抛出 bad_cast 异常，typeid 的参数为 0 或空指针时会抛出 bad_typeid 异常，数据流出错时会抛出 ios_base::failure 异常。如果在函数接口的异常声明中加上 std::bad_exception，那么函数执行发生异常时，unexcepted()会直接抛出 bad_exception 异常，而不是终止程序。

其他异常类型的含义如下：length_error 表示长度超过对象的最大允许值，domain_error 指出非法预处理错误，out_of_range 表示数组下标超出了范围，invalid_argument 表示向函数传递的参数无效，range_error 表示运算发生范围错误，overflow_error 表示运算出现上溢，underflow_error 表示运算出现下溢。

在下面的例子中，定义一个数组类 Array，其中重载了运算符 operator[]，增加了判断数组下标是否越界的功能，若越界，则抛出异常 out_of_range。

例 9-8. 数组下标越界异常的处理。

```cpp
//****************************************************
//例 9-8. 数组下标越界异常的处理
//ex9-8.cpp
//****************************************************
#include <iostream>
#include <stdexcept>     //使用异常 Out_of_range
using namespace std;
//定义数组类模板
template<typename T>
class Array
{
public:
    Array(int a=5): size(a) { pelement = new T[size]; }
                                    //数组默认含 5 个元素
    ~Array() { delete [] pelement; }
    T& operator[] (int i)
    {
        //如果下标越界，就抛出异常 out_of_range
        if(i < 0 || i > =size)
            throw out_of_range("Out_of_range error in Array.");
        return pelement[i];
    }
private:
    int size;
    T* pelement;
};
//主函数
int main()
{
    Array<int> array(6);     //数组含 6 个元素
```

```
//希望把 0～7 写入数组，但当 i=6 时抛出越界信息
try
{
    for(int i = 0; i < 8; i++)
        { array[i] = i; cout << array[i] << " "; }
    cout << endl;
}
catch(out_of_range& excep) { cerr << excep.what() << endl; }
return 0;
}
```

运行结果：

```
0 1 2 3 4 5 Out_of_range error in Array.
```

上例中建立含 6 个元素的数组，当 i=6 时，由于下标越界，就抛出一个 out_of_range 类型的对象，由 catch 模块捕捉并处理该异常，try 块内的语句"cout << endl;"并没有执行。

cerr 是标准错误输出流，是类 ostream 的一个对象，定向到显示器。

在前面 EBase 类定义的基础上，假设有下列函数：

```
void f()
{
    EBase* pEBase = new EBase("obj");  //pEBase 指向动态对象
    //…
    delete pEBase;
}
```

即用 new 动态建立一个堆对象，用 EBase*类型的指针 pEBase 指向该堆对象，使用完成之后，用 delete 删除堆对象。如果我们编程时忘记使用 delete 语句，或者由于执行函数体时抛出了异常，那么这个被动态分配的对象就没有被删除，从而产生内存泄漏。

解决这个问题的简单办法就是利用标准库<memory>头文件中定义的 auto_ptr 类模板，其中提供了*和->指针操作。auto_ptr 对象称为智能指针或自动指针。把 new 产生的指针封装在 auto_ptr 对象里，由于离开作用域时会自动删除 auto_ptr 对象，从而强制删除它所指向的堆对象，因此用这个方法可以防止内存泄漏。

例 9-9. auto_ptr 类模板使用。

```
//*****************************************************
//例 9-9. auto_ptr 类模板使用
//ex9-9.cpp
//*****************************************************
#include <iostream>
#include <string>
#include <memory>          //auto_ptr 类模板
using namespace std;
//类定义
class EBase
{
public:
```

```
        EBase (string n=""): name(n)
                { cout << "构造 EBase 对象: "<< name << endl; }
        virtual ~EBase() { cout << "析构 EBase 对象: " << name << endl; }
        string Getname() { return name; }
    protected:
        string name;
    };
    //主函数
    int main()
    {
        auto_ptr<EBase> pEBase( new EBase("obj1") ); //pEBase 指向堆对象
        cout << pEBase->Getname() << endl;
                                    //通过 pEBase 调用堆对象的 Getname()
        return 0;
    }
```
运行结果：
```
    构造 EBase 对象: obj1
    obj1
    析构 EBase 对象: obj1
```
可以看出，虽然在主函数中没有使用 delete 来清除用 new 建立的 EBase 类对象，但是程序还是自动调用了 EBase 的析构函数。

9.6 小结

异常处理机制是由 C++语言提供的运行时处理错误的一种方式，它提供一种退出程序的安全通道。

C++语言通过 try、throw、catch 语句实现异常处理。被检测异常的代码放在 try 块中，try 块后紧跟一个或多个处理异常的 catch 语句，每个 catch 语句处理一种数据类型的异常。异常由 throw 语句抛出，catch 语句能够捕捉的异常类型与抛出的异常类型相匹配。

不要从析构函数中抛出异常。

习 题 9

1. 编写程序，求从键盘输入数值的平方根，利用异常机制检测负数情况，当输入的为负数时抛出一个异常，否则返回非负数的平方根。

2. 编写一个程序，采用异常处理的方法，在输入学生类 Student 对象的数据时检测成绩输入是否正确。在 Student 类中设计一个 GetData()成员函数，用于输入学生的学号 no、姓名 name 和成绩 score，当 score 大于 100 小于 0 时，抛出一个异常。在 catch()中显示相应的出错信息。

第 10 章

C++标准库

内容提要

第 1 章对 C++标准库做了简单介绍，而且在书中的实例中多次用到标准库的内容。本章在对 C++标准库主要组件、特别是标准模板库的内容做更深入介绍的基础上，通过更多的实例来说明如何使用标准库，最后给出"石头-剪刀-布"游戏的例程。

需要注意的是，标准库的内容是不断发展的，例如，流库开发于 20 世纪 80 年代，90 年代又加入了标准模板库，现有的标准也不是终极产品。另外，标准库的内容很多，我们在此不能面面俱到，感兴趣的读者可以参考其他更多的资料。

阅读这部分内容时请注意，为了简化表达方式，本书对类的成员函数和类外函数在表达上没有严格区分，但在必要的地方都进行了相应的说明。

10.1 标准库组织

C++标准库为我们设计好很多可直接使用的类、函数等，如流类、异常类、string、complex、异常类、容器类、算法等。标准库中的异常类在上一章介绍过，本章不再赘述。

下面按功能对 C++标准库中的头文件进行分组，从中可以看出标准库的主要构成。

提供容器类的头文件主要如下。

<vector>：容器 vector，类似一维数组。

<list>：容器 list，双向链表。

<deque>：容器 deque，双端队列。

<queue>：容器 queue 和 priority_queue，队列。

<stack>：容器 stack，栈。

<map>：容器 map 和 multimap，关联数组或映射。

<set>：容器 set 和 multiset，集合。

<bitset>：容器 bitset，布尔量的集合。

提供通用功能的头文件主要如下。

<utility>：运算符和 pair 类。

<functional>：函数对象。

<memory>：容器用的分配器，auto_ptr 模板。

<ctime>：C 风格的日期和时间。

提供迭代器的头文件主要如下。

<iterator>：迭代器和迭代器支持。

提供泛型算法的头文件主要如下。

<algorithm>：泛型算法。

<cstdlib>：bsearch()，qsort()。

与诊断功能有关的头文件主要如下。

<exception>：异常类。

<stdwxcept>：标准异常。

<cassert>：assert 宏。

<cerrno>：C 风格的错误处理。

与串有关的头文件主要如下。

<string>：string 类。

<cctype>：字符分类函数。

<cwctype>：宽字符分类函数。

<cstring>：C 风格的串函数。

<swchar>：C 风格的宽字符串函数。

<cstdlib>：C 风格的串函数。

与输入/输出有关的头文件主要如下。

<iosfwd>：I/O 功能的前导声明。

<iostream>：标准 I/O 流对象。

<ios>：I/O 流基类。

<streambuf>：流缓冲区。

<istream>：输入流 istream。

<ostream>：输出流 ostream。

<iomanip>：格式控制符。

<sstream>：串流 istringstream、ostringstream、stringstream。

<fstream>：文件流 ifstream、ofstream、fstream。

<cctype>：字符分类函数。

<cstdio>：printf()族 I/O。

<cwchar>：printf()宽字符 I/O。

与本地化有关的头文件主要如下。

<locale>：表示文化差异。

<clocale>：表示文化差异，C 风格。

与语言支持有关的头文件主要如下。

<limits>：数值范围。

<new>：动态存储分配。

<typeinfo>：运行时类型识别。

<exception>：异常处理。

<climits>：C 风格的数值范围宏。

<cfloat>：C 风格的浮点数值范围宏。

<cstddef>：C 库语言支持。

<cstdarg>：长度可变的函数参数列表。

<csetjmp>：C 风格的栈回退。

<cstdlib>：程序终止。

<ctime>：系统时钟。

<csignal>：C 风格的信号处理。

与数值运算有关的头文件主要如下。

<complex>：复数及其运算。

<valarray>：数值向量及运算。

<numeric>：泛型数值运算。

<cmath>：C 风格的数学函数。

<cstdlib>：C 风格的随机数。

在 C++标准库中，被称为标准模板库（STL）的部分，是由 Alexander Stepanov、Meng Lee 和 David R Musser 在惠普实验室工作时开发出来的。STL 以模板的形式定义了常用的数据结构（容器，container）、泛型算法（generic algorithm）和迭代器（iterator）等，泛型算法通过迭代器来定位和操作容器中的元素。这种将数据结构和算法分离的特点，使得算法适用于不同的数据类型。

容器部分主要由头文件<vector><list><deque><set><map><stack><queue>组成，定义了一些常用的容器和容器适配器（基于其他容器实现的容器）。这些模板的参数允许程序员指定容器中元素的数据类型，可以将它们从重复而乏味的工作中解脱出来。

算法部分主要由头文件<algorithm><numeric><functional>组成。STL 提供了 100 个左右的泛型算法。这样一来，只要熟悉 STL，就可以大大提高编程效率。<algorithm>中包含大量的函数模版，功能范围涉及比较、交换、查找、遍历、复制、修改、移除、反转、排序、合并等。<numeric>包含几个在序列上进行简单数学运算的函数模板，<functional>中则定义了一些类模板，用以声明函数对象。

迭代器部分主要由头文件<iterator><utility><memory>组成。<iterator>中提供了迭代器使用的许多方法，<utility>包括了贯穿在 STL 中的几个模板的声明，<memory>为容器中的元素分配存储空间，同时也为某些算法执行期间产生的临时对象提供机制。迭代器在 STL 中用来将算法和容器联系起来，起着一种黏和剂的作用。STL 提供的几乎所有的算法都是通过迭代器存取元素序列进行工作的。每个容器都定义了其本身所专有的迭代器，用以存取容器中的元素。

10.2 容器

STL 中的容器是以类模板的方式定义的常用数据结构。

　　我们在编写程序进行计算时，经常需要建立某种对象的集合，如数组、队列、栈、树、图等数据结构，数据结构中的每个节点都是数据对象（元素）。这些结构按照某种特定的逻辑关系把数据对象组装起来，成为一个新的对象。如果抽象了数据对象的具体类型，只关心结构的组织和算法，就是类模板了。

　　在标准容器中，vector、list 和 deque 是基本顺序容器（sequence container），stack、queue 和 priority_queue 是在基本顺序容器基础上产生的三个顺序容器适配器（container adapter），map、multimap、set 和 multitset 是关联容器（associative container）。一般数组、string、valarray 和 bitset 中也保存元素，因此也可以视为容器，但不是设计完整的标准容器，称为近容器（almost container）。

　　实际应用中应根据自己的需要选取合适的容器类型。默认情况下可选用 vector；若需要任意位置的快速插入或删除操作，则应选用 list；若在表的一端或两端有大量添加与删除操作，则应该考虑用 deque、stack 或 queue；若主要通过关键值访问元素，则应该用 map 或 multimap。此外，用户也可以设计满足自己需要的容器。

10.2.1　容器的成员

　　容器定义中封装了关于类型成员和成员函数的定义。

　　关于类型成员，每个容器都以最合适的实现方式去定义它们。例如，一般标准容器中都定义了下面的类型成员：

```
value_type              //元素的类型
allocator_type          //存储管理器的类型
size_type               //容器下标的类型，无符号整数
difference_type         //迭代器之差的类型
iterator                //迭代器，可以视为指向容器元素的抽象指针
const_iterator          //常迭代器
reverse_iterator        //逆向迭代器
const_reverse_iterator  //常逆向迭代器
reference               //元素引用
const_reference         //常引用
```

　　其他情况，如关联容器中还定义了 key_type（关键值类型）、mapped_type（mapped_value 的类型）和 key_compare（比较准则类型）。再如，vector 中定义了 pointer（元素指针）和 const_ pointer 等。

　　关于成员函数，很多相同功能的操作存在于所有标准容器中。但也有个别操作只适用于某个容器。下面列出各标准容器中具有相似功能的成员函数（也有个别例外），更多的细节请参考帮助文档或相关的头文件。

　　迭代器操作：

```
begin()         //返回指向第一个元素的迭代器
end()           //返回指向表尾的迭代器
rbegin()        //返回逆向迭代器，指向最后一个元素
rend()          //返回逆向迭代器，指向表头
```

元素访问：

    front()　　　　　　　　　　//返回第一个元素（下标索引为 0 的元素）

    back()　　　　　　　　　　　//返回最后一个元素

    operator[](i)　　　　　　//返回索引 i 的元素，不检测是否越界（list 无此操作）

    at(i)　　　　　　　　　　　//返回索引 i 的元素，检测是否越界（仅限于 vector 和 deque）

栈和队列操作：

    push_back()　　　　　　　 //在表尾插入元素

    pop_back()　　　　　　　　 //删除最后一个元素

    push_front()　　　　　　　//在表头加入一个新元素（仅限于 deque 和 list）

    pop_front ()　　　　　　　//删除第一个元素（仅限于 deque 和 list）

表操作：

    insert(p, x)　　　　　　　//在 p 前插入 x，返回插入位置

    insert(p, n, x)　　　　　 //在 p 前插入 n 个 x

    insert(p, first, last)　 //在 p 前插入[first, last)的元素

    erase(p)　　　　　　　　　//删除位于 p 的元素

    erase(first, last)　　　　//删除[first, last)的元素

    erase()　　　　　　　　　　//删除所有元素

其他操作：

    size()　　　　　　　　　　//返回元素个数

    empty()　　　　　　　　　 //判断容器是否为空

    max_size()　　　　　　　　//容器能保存对象的最大个数

    capacity()　　　　　　　　//为 vector 分配的空间（仅限于 vector）

    reserve()　　　　　　　　 //为后面扩充预留空间（仅限于 vector）

    resize()　　　　　　　　　//改变容器的容量（仅限于 vector、list、deque）

    swap()　　　　　　　　　　//交换两个容器的所有元素

    get_allocator()　　　　　//取得容器分配器的一个复制

    ==　　　　　　　　　　　　//若两个容器的元素完全相同，则返回 ture；否则返回 false

    !=　　　　　　　　　　　　//若两个容器的元素不相同，则返回 ture；否则返回 false

    <　　　　　　　　　　　　 //按字典顺序比较两个容器

构造函数与析构函数（注意，下面的 container 代表某容器名，如 vector）：

    container()　　　　　　　 //默认构造函数，创建一个空容器

    container(n)　　　　　　　//创建含 n 个元素（默认值）的容器（关联容器除外）

    container(n, x)　　　　　 //创建含 n 个元素(元素初始化为 x)的容器（关联容器除外）

    container(first, last)　 //创建容器，用[first, last)初始化元素

    container(c)　　　　　　　//复制构造函数

    ~container()　　　　　　　//析构函数

赋值运算：

    operator=(c)　　　　　　　//赋值，元素来自容器 c

    assign(n, x)　　　　　　　//赋 x 的 n 个复制（关联容器除外）

    assign(first, last)　　　//用[first, last)赋值

关联容器提供如下基于关键值的检索操作：

    operator[](k)　　　　　　//访问关键值为 k 的元素（限于唯一关键值的容器）

    find(k)　　　　　　　　　　//查找关键值为 k 的元素

```
lower_bound(k)          //查找关键值为 k 的第一个元素
upper_bound(k)          //查找关键值大于 k 的第一个元素
equal_range(k)          //查找关键值为 k 的 lower_bound 和 upper_bound
key_comp()              //关键值比较对象的复制
value_comp()            //mapped_value 比较对象的复制
```

10.2.2 顺序容器

顺序容器中的元素具有相同的数据类型。基本顺序容器主要包括 vector、deque 和 list。

vector 实质上是安全的、大小可变的数组，数组元素在内存中连续存放，支持随机访问某个元素，支持在序列尾快速插入和删除元素。

例 10-1. 使用 vector 生成存放整数和自定义类对象的容器对象。

```cpp
//**********************************************************
//例 10-1. 使用 vector 生成存放整数和自定义类对象的容器对象
//ex10-1.cpp
//**********************************************************
#include <iostream>
#include <vector>                    //vector 在其中定义
using namespace std;
//自定义的类 student
class student { };
//主函数
int main( )
{
    int i = 0;
    vector<int> V(10, 0);   //定义含 10 个 int 元素的容器对象 V, 元素初值为 0
    for (i=0; i<10; i++)      //改变元素的值
        V.at(i) = i;          //或者用 V[i] = i;
    V.push_back(10);          //在末尾追加一个值为 10 的元素
    V.insert(V.begin()+3, 0);   //在索引 3 位置前插入值为 0 的元素
                                //或者 V.insert(&V[3], 0);
    *(V.begin()) = *(V.end()-1);     //将最后一个元素的值赋给第一个元素
                                     //或者 *(V.rend()-1) = *(V.rbegin());
                                     //或者 V.front() = V.back();
    for (i=0; i<V.size(); i++)   //输出各元素的值: 10 1 2 0 3 4 5 6 7 8 9 10
        cout << V[i] << " ";
    cout << endl;
    vector<student>  sV;       //声明保存 student 对象的 vector 容器对象 sV
    student S;                 //声明一个 student 类对象 S
    sV.push_back(S);           //将对象 S 存入 sV 中
    return 0;
}
```

运行结果：

10 1 2 0 3 4 5 6 7 8 9 10

用下标[]操作时不进行范围检查，而用成员 at()操作时进行范围检查。

另外，逆向迭代器的第一个元素也就是实际的最后一个元素。4 个迭代器操作成员函数的返回迭代器指向如图 10-1 所示。

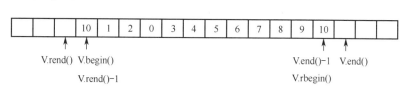

图 10-1　vector 迭代器操作成员函数的返回迭代器指向

deque（双端队列）与 vector 功能类似，但提供在序列双端快速插入和删除元素的功能。

list（双向链表）中的大部分成员与 vector 相同，但 list 提供双向迭代操作而不提供随机访问，也不提供下标操作[]、at()、capacity()及 reserve()。list 特别适用于对表的操作，特有的操作如元素移动 splice()、归并 merge()、排序 sort()等；还适用于针对第一个元素的操作（所有容器都提供针对最后一个元素的操作）、删除重复元素 unique()、元素倒序 reverse()等。

例 10-2. 使用 list 生成存放 string 对象的容器对象。

```cpp
//**********************************************************
//例 10-2. 使用 list 生成存放 string 对象的容器对象.
//ex10-2.cpp
//**********************************************************
#include <list>                   //list 在头文件<list>中定义
#include <string>
using namespace std;
int main( )
{
    list<string>  fruit, citrus;     //创建两个放串对象的空容器对象
    fruit.push_back("apple");
    fruit.push_back("pear");         //fruit:[apple,pear]
    citrus.push_back("lemon");
    citrus.push_back("orange");//citrus:[lemon,orange]
    //下面一个语句将 citrus 的第一个元素 lemon 移动到 fruit 的结尾
    //结果为 fruit:[apple,pear,lemon]; citrus:[orange]
    fruit.splice(fruit.end(), citrus, citrus.begin());
```

```
    fruit.sort();              //排序结果为 fruit:[apple,lemon,pear]
    citrus.sort();
    //下面一个语句将 citrus 合并到 fruit 中，并排序：citrus 变为空表
    //fruit:[apple,lemon,orange,pear]
    fruit.merge(citrus);
    fruit.pop_front();         //删除第一个元素，fruit:[lemon,orange,pear]
    fruit.reverse();           //逆序，fruit:[pear,orange,lemon]
    return 0;
}
```

10.2.3　顺序容器适配器

　　顺序容器适配器是通过修改基本顺序容器的接口而定义的类模板，目的是提供更简化、更高效的服务，例如，stack（栈）、queue（队列）和 priority_queue（优先队列）就是在基本顺序容器基础上定义的适配器。容器适配器不提供迭代器操作，只能通过接口函数访问元素。

　　stack 在头文件<stack>中定义，使用时应包含该头文件。实际上，定义 stack 时就把容器接口中的非栈类操作删去了，并把成员函数 back()、push_back()、pop_back()重新命名为我们习惯的 top()、push()、pop()等。

　　声明适配器对象时应指明元素的类型及基本顺序容器的类型。stack 默认情况下用 deque 保存元素，也可以是具有成员 back()、push_back()、pop_back()的 vector 或 list。例如：

```
    stack <int, vector<int>>  mystack;
```

声明了基本容器为 vector、元素类型为 int 的 stack 类对象 mystack。

　　stack 是后进先出表，只能在栈顶插入和删除元素。其基本成员操作函数包括 push()（从栈顶插入一个元素），pop()（从栈顶删除一个元素），top()（取得栈顶元素的引用），empty()（确定 stack 是否为空），size()（取得栈的元素个数）。

　　例 10-3. 建立存放 string 型元素的栈，并调用进栈、出栈等操作。

```
//**********************************************
//例 10-3. 建立存放 string 型元素的栈，并调用进栈、出栈等操作
//ex10-3.cpp
//**********************************************
#include <iostream>
#include <string>
#include <stack>                    //stack 在头文件<stack>中定义
using namespace std;
int main( )
{
    stack<string>  sstack;          //建立栈 sstack，用 deque 做基本容器
    sstack.push("I like C++ also.");
    sstack.push("C++.");
```

```
        sstack.push("You like ");
        while(!sstack.empty())
        {
            cout<<sstack.top()<<' ';              //读出栈顶元素并输出，先进后出
            sstack.pop();
        }
        cout << endl;
        return 0;
    }
```

运行结果：

```
    You like C++. I like C++ also.
```

queue 和 priority_queue 在头文件<queue>中定义。queue 默认情况下用 deque 保存元素，也可以是 list。queue（队列）是先进先出表，只能在队头删除元素，在队尾插入元素。其基本成员操作函数包括 push()（在队尾插入一个元素），pop()（在队头删除一个元素），front()（取得第一个元素的引用），back()（取得最后一个元素的引用），empty()（确定队列是否为空），size()（取得队列的元素个数）。对上例稍加修改，可以看出 queue 与 stack 弹出元素顺序的不同。

例 10-4. 使用 queue。

```
    //*****************************************************
    //例 10-4. 使用 queue
    //ex10-4.cpp
    //*****************************************************
    #include <iostream>
    #include <string>
    #include <queue>                        //使用 queue
    using namespace std;
    int main( )
    {
        queue <string>  squeue;      //建立对象 squeue
        squeue.push("I like C++ also.");
        squeue.push("C++.");
        squeue.push("You like ");
        while(!squeue.empty())
        {
            cout << squeue.front() << ' '; //读出元素并输出，先进先出
            squeue.pop();
        }
        cout << endl;
        return 0;
    }
```

运行结果：

```
    I like C++ also. C++. You like
```

priority_queue 默认情况下用 vector 保存元素。priority_queue 优先权与元素的值成正比，top()返回优先权最高的元素，pop()删除优先权最高的元素，push()插入新元素，比较及赋值系列的运算函数不适用于 priority_queue。对上例稍加修改，用 priority_queue 实现，可以看出通过循环调用成员函数 top()，元素值按由大到小的顺序依次返回。

例 **10-5**. 使用 priority_queue。

```
//****************************************************
//例10-5. 使用priority_queue
//ex10-5.cpp
//****************************************************
#include <iostream>
#include <string>
#include <queue>                              //使用priority_queue
using namespace std;
int main( )
{
    priority_queue <string>  pri_queue; //建立对象pri_queue
    pri_queue.push("I like C++ also.");
    pri_queue.push("C++.");
    pri_queue.push("You like ");
    while(!pri_queue.empty())
    {
        cout<<pri_queue.top()<<' ';            //读出元素并输出，值大的优先
        pri_queue.pop();
    }
    cout << endl;
    return 0;
}
```

运行结果：

```
You like  I like C++ also. C++.
```

10.2.4 关联容器

关联容器提供映射和集合的表示与操作，主要包括 map、multimap、set、multiset。

map（可称为映射、关联数组或字典）是保存"关键值-值"对的序列，一个关键值对应一个值，就像学生学号与姓名之间的对应关系一样。map 中的元素按关键值的字典顺序排序。我们可以根据关键值快速查到其对应的值，因此可以将 map 想象为下标不必为整数的数组。

例 **10-6**. 利用 map 容器建立学号与姓名之间的对应关系。

```
//****************************************************
//例10-6. 利用map容器建立学号与姓名之间的对应关系
//200801-Zhang, 200802-Sun, 200803-Wang
//ex10-6.cpp
```

```
//*********************************************************
#include <iostream>
#include <map>        //map 在头文件<map>中定义
#include <string>
using namespace std;
int main( )
{
    map<unsigned int, string>  M;        //创建空的 map 容器 M
    M.insert(pair<unsigned int, string>(200801, "Zhang"));
                                         //向容器插入一个元素
    M[200803] = "Wang";                  //加入 200803 号
    M[200802] = "Sun";                   //加入 200802 号
    cout << M[200801] << endl;           //输出关键值 200801 对应的姓名
    map<unsigned int, string>::iterator pm;
                                         //声明迭代器 pm，迭代器内容见 9.5 节
    for (pm = M.begin(); pm != M.end(); ++pm)  //输出学号和姓名
        cout << pm->first << ": " << pm->second << endl;
    M.erase(200803);                     //删去 200803 号
    for (pm = M.begin(); pm != M.end(); ++pm)  //输出学号和姓名
        cout << pm->first << ": " << pm->second << endl;
    return 0;
}
```

运行结果：

```
Zhang
200801: Zhang
200802: Sun
200803: Wang
200801: Zhang
200802: Sun
```

　　map 中的元素是 pair 类型的对象，即"关键值-值"对。pair 本身也是标准库类模板，其定义可以在<utility>中找到。语句"M.insert(pair<unsigned int, string>(200801, "Zhang"));"直接用 pair 的构造函数定义对象插入 map 容器中，注意，"pair<unsigned int, string>"表示"unsigned int－string"值对，圆括号中的(200801, "Zhang")初始化该值对。也可以利用下标的方式向容器中插入元素。例如，语句"M[200803] = "Wang";"与"M.insert(pair<unsigned int, string>(200803, "Wang"));"的功能是一样的。

　　multimap 与 map 功能类似，主要不同的是：multimap 允许有重复的值，"关键值-值"对之间可以不是一一对应的关系。

　　例 10-7. 利用 multimap 容器建立姓名与成绩之间的对应关系。

```
//*********************************************************
//例 10-7. 利用 multimap 容器建立姓名与成绩之间的对应关系
//Zhang-70 分, Sun-92.5 分, Wang-70 分, Wang-80
//ex10-7.cpp
```

```
//****************************************************
#include <iostream>
#include <map>
#include <string>
using namespace std;
int main( )
{
    multimap<string, double>  M;                   //创建空的 multimap 容器 M
    M.insert(pair<string, double>("Zhang", 70));   //向容器插入 Zhang
    M.insert(pair<string, double>("Sun", 92.5));   //向容器插入 Sun
    M.insert(pair<string, double>("Wang", 70));    //向容器插入 Wang
    M.insert(pair<string, double>("Wang", 80));    //插入重名 Wang
    multimap<string, double>::iterator pm;         //声明迭代器 pm
    for (pm = M.begin(); pm != M.end(); ++pm)      //输出人名与成绩
        cout << pm->first << ": " << pm->second << endl;
    return 0;
}
```

运行结果：

```
Sun: 92.5
Wang: 70
Wang: 80
Zhang: 70
```

set 和 multiset 是集合容器类型，与数学中的集合概念是一致的。set 中的元素不允许重复，multiset 中的元素可以重复。

例 10-8. 利用 set 容器。

```
//****************************************************
//例 10-8. 利用 set 容器
//ex10-8.cpp
//****************************************************
#include <iostream>
#include <set>
using namespace std;
int main( )
{
    int s[] = {8, 2, 3, 4, 5, 6};
    set<int> dset(s, s+6);
    copy(dset.begin(), dset.end(), ostream_iterator<int>(cout, ", "));
    cout << endl;
    dset.insert(7);
    copy(dset.begin(), dset.end(), ostream_iterator<int>(cout, ", "));
    cout << endl;
    return 0;
}
```

运行结果：
```
2, 3, 4, 5, 6, 8
2, 3, 4, 5, 6, 7, 8
```

10.2.5　近容器

一般数组、string、valarray、bitset 在许多情况下也可以视为容器，因为它们也能保存元素。

一般数组提供下标运算，并且以一般指针的形式提供对元素的随机访问。但是数组不知道自己的大小，也不提供标准成员操作和成员类型。

string 提供下标操作、随机访问迭代及容器的其他操作，但是 string 不像容器那样支持广泛的类型选择，它特别为字符串的使用做了优化设计。我们在 10.3 节对 string 进行更详细地介绍。

valarray 为数值计算而优化了的向量。提供许多有用的数值操作。我们在 9.8.2 节详细介绍如何使用 valarray。

虽然 C++可以通过整数上的按位运算（与、或、异或、移位等）来设置或测试二进制位，但实现起来比较复杂。这时，利用 bitset（位集合类模板）会方便很多，使用时应包含头文件<bitset>。例如：

```
#include <bitset>
//下面声明一个含有 32 个位的 bitset 对象 bitvec, 位的顺序为从 0 到 31
//默认情况下所有的位都被初始化为 0
bitset< 32 >  bitvec;
bitvec[27] = 1;      //或者用 bitvec.set(27); 作用是将 27 位设置为 1
```

除逻辑运算外，bitset 还提供了很多进行单个位或所有位的操作。下面列出其部分成员函数及其功能：

```
test(pos)      //pos 位是否为 1
any()          //任意位是否为 1
none()         //是否没有位为 1
count()        //值是 1 的位的个数
size()         //元素的个数
[pos]          //访问 pos 位
flip()         //翻转所有的位，flip(pos)为翻转 pos 位
set()          //将所有位置 1, set(pos)将 pos 位置 1
reset()        //将所有位置 0, reset(pos)将 pos 位置 0
```

10.3　string

C++标准库中定义了一个 string 类，封装了字符串的基本特性和对字符串的各种操作，使用起来比 C 语言式的字符数组及其相应的处理函数更方便、更安全，功能也更强大。string 对象不需要用终止符 '\0' 表示一个字符串的结束。

由于 string 具有获取迭代器所需的类型成员和成员函数，所以前面介绍的泛型算法同样适用于 string 类。例如，如果 s 是一个 string 对象，那么可以调用泛型函数 find() 进行查找操作：

```
string s =  "break";
char cp = *find(s.begin(), s.end(), 'a');  //查找 s 中的字符 a
```

但是泛型算法倾向于假设容器的元素之间是相互独立的，而"串"则意味着元素排列是有意义的，因此对于字符串操作而言，更有用的是 string 类的成员函数。

string 类的成员函数有很多，使用时可以查看联机帮助。下面给出 string 类的主要成员函数，并对它们的功能进行简单说明。

1．构造函数的原型

构造函数的原型如下。

```
string();                     //默认构造函数，建立一个长度为零的串
string(const string& rs);     //复制初始化构造函数
string(const char* s);        //用指针 s 所指的字符串初始化 string 对象
string(const char* s, unsigned int n);
                              //用 s 所指串的前 n 个字符初始化 string 对象
string(unsigned int n, char c);  //将 c 中字符重复 n 次，初始化 string 对象
string(const string& rs, unsigned int pos, unsigned int n);
                              //从 rs 的 pos 位置开始，取 n 个字符初始化 string 对象
```

2．常用成员函数

常用成员函数如下。

```
string& append(const char* s);        //将 s 附加到本串尾
string assign(const char* s);         //将 s 所指的串赋给本对象
string substr(unsigned int pos, unsigned int n) const;
                              //取本串 pos 位置开始的 n 个字符，构成子串返回
int compare(const string& rs) const;
                              //比较本串与 rs 的大小，返回正数、负数或零
void swap(string& rs);        //两字符串相交换
string& insert(unsigned int pos, const char* s);
                              //将 s 所指的串插入本串 pos 之前
unsigned int find(const basic_string& rs) const;
                              //查找本串中 rs 首次出现的位置
unsigned int length() const;    //返回串的长度（字符个数）
string& replace(unsigned int pos, unsigned int n, const char* s);
                              //将本串 pos 开始的后 n 个字符用 s 所指的串替换
```

另外，头文件中还重载了一些运算符，如[]、+、=、+=、==、!=、<、<=、>、>=、<<、>>等，其中"+"表示将两个字符串连接成一个新串。

由于功能相同，运算符函数一般可以取代 assign()、append()、compare()、at()等成员函数，这样使程序代码显得比较简洁。当然 at()函数还有一个功能，那就是检查下标是否合法。

与 vector 相比，string 缺少 front()和 back()，要访问 string 对象 s 的第一个和最后一个
元素，必须采用 s[0]和 s[s.length()–1]的方式。

例 **10-9**. 使用 string。

```
//****************************************************
//例10-9. 使用string
//ex10-9.cpp
//****************************************************
#include <iostream>
#include <string>
using namespace std;
int main()
{
    string s1("Zhang"), s2, s3;//建立3个string类对象
    s2 = s1;                    //s2 ← s1
    s3.assign(s1);              //s3 = s1
    string s4(s1+" likes");     //建立对象s4，初始化为 "Zhang likes"
    s4 += " red";               //s4 ← "Zhang likes red"
    s4.append(" pets.");        //s4 = "Zhang likes red pets."
    cout << s4 <<endl;
    string s[3] = {s1, "Zhao", "Wang"};  //建立含3个string对象的数组
    s[0].swap(s[2]);            //交换s[0]和s[2]的内容
    for(int i = 0; i < 3; i++) //查找数组中与s1相同的元素
        if (s1 == s[i]) cout << "s1= s" << "[" << i << "]" <<endl;
    return 0;
}
```

运行结果：

```
Zhang likes red pets.
s1= s[2]
```

对 string 对象的初始化，可以采用常量型字符串、另一个 string 对象或它们的一部
分，也可以采用最后一个元素为'\0'的字符数组。

➡ **10.4 泛型算法**

C++标准库中定义了 100 种左右的算法，大多是以函数模板的形式定义的，主要用来
操作容器的元素，例如，通过泛型算法 sort()对一个 vector 对象的元素进行排序。之所以
称这些函数为泛型算法，是因为它们适用于不同的容器类型。

大部分标准算法在头文件<algorithm>中定义，有 4 个数值算法在头文件<numeric>中
定义，使用时要包含相应的头文件。

所有泛型算法的前两个实参都是迭代器类型（可以理解为指向元素的指针），通常称
为 first 和 last，它们确定了要处理的元素的范围。例如，下面的程序利用算法 copy()把元
素值从一个容器复制到另一个容器中。

例 10-10. 利用算法 copy() 把元素值从一个容器复制到另一个容器中。

```
//****************************************************
//例 10-10. 利用算法 copy() 把元素值从一个容器复制到另一个容器中
//ex10-10.cpp
//****************************************************
#include <iostream>
#include <vector>                 //vector 在头文件<vector>中定义
#include <algorithm>
using namespace std;
int main( )
{
    int i = 0;
    vector<int> V1(10, 0); //定义含 10 个整型元素的容器对象 V1，元素初值为 0
    for (i = 0; i < 10; ++i)              //改变元素的值
        V1.at(i) = i;
    vector<int> V2(V1.size(), 0);         //定义容器对象 V2，大小与 V1 相同
    copy(V1.begin(), V1.end(), V2.begin());      //调用泛型算法 copy()
    for (i = 0; i < V2.size(); ++i)            //输出各元素的值
        cout << V2[i] << " ";
    cout << endl;
    return 0;
}
```

运行结果：

```
0 1 2 0 3 4 5 6 7 8 9
```

下面列出 STL 中的主要标准算法，左边为泛型算法的名称（尖括号内是所属的头文件），右边为功能说明。

这些算法可以直接使用，要与容器中的成员函数区分开。

不改变元素值的算法（<algorithm>）：

```
for_each( )            //对区间内的每个元素进行操作
find( )                //查找元素位置
find_if( )             //有条件查找元素位置
find_first_of( )       //查找某些元素首次出现的位置
adjacent_find( )       //查找两相邻重复元素的位置
count( )               //计数
count_if( )            //在一定条件下计数
mismatch( )            //找出不匹配点
equal( )               //判断两个区间是否相等
search( )              //查找某个子序列位置
find_end( )            //查找某个子序列最后一次出现的位置
search_n( )            //查找连续发生 n 次的子序列
```

改变元素值的算法（<algorithm>）：

```
transform( )          //以一个/两个序列为基础，通过函数对象产生第二/三个序列
copy( )               //复制区间内所有元素
copy_backward( )      //逆向复制区间中的元素
swap( )               //交换两元素
iter_swap( )          //交换迭代器指向的两元素
swap_ranges( )        //交换两序列的元素
replace( )            //用所给值替换元素
replace_if( )         //有条件地替换
replace_copy( )       //替换元素并将结果复制到另一个容器中
replace_copy_if( )    //有条件地替换元素并将结果复制到另一个容器中
fill( )               //用某值替换所有元素
fill_n( )             //用某值替换前 n 个元素
generate( )           //用相应的计算结果替换每个元素
generate_n( )         //用相应的计算结果替换前 n 个元素
remove( )             //删除所有等于给定值的元素
remove_if( )          //删除所有满足条件的元素
remove_copy( )        //删除所有等于给定值的元素并将结果复制到另一个容器中
remove_copy_if( )     //删除所有满足条件的元素并将结果复制到另一个容器中
unique( )             //查找并删除连续相等的元素，使只保留一个
unique_copy( )        //查找并删除连续相等的元素，使只保留一个，并复制到别处
reverse( )            //反向排列元素顺序
reverse_copy( )       //反向排列元素顺序并将结果复制到另一个容器中
rotate( )             //旋转交替排列元素
rotate_copy( )        //旋转交替排列元素并将结果复制到另一个容器中
random_shuffle( )     //随机重排元素
```

排序算法（<algorithm>）：

```
sort( )               //对元素进行排序
stable_sort( )        //对元素进行排序并保持等值元素的顺序
partial_sort( )       //局部排序
partial_sort_copy( )    //局部排序并将结果复制到别处
nth_element( )        //把第 n 个元素放到适当位置
lower_bound( )        //在有序区间内二分查找第一个等于某值的元素
upper_bound( )        //在有序区间内二分查找第一个大于某值的元素
equal_range( )        //在有序区间内二分查找等于某值的子序列
binary_search( )      //在有序区间内二分查找等于某值的元素
merge( )              //合并两个序列
inplace_merge( )      //合并两个相邻的子序列
partition( )          //放置第一次满足条件的元素
stable_partition( )   //放置第一次满足条件的元素，保持相对次序不变
```

集合算法（<algorithm>）：

```
includes( )           //检查一个序列是否是另一个的子集
set_union( )          //生成两个区间的有序并集
set_intersection( )   //生成两个区间的有序交集
```

```
    set_difference( )     //生成两个区间的有序差集，其中的元素只属于第一个区间
    set_symmetric_difference( )//生成两个区间的有序对称差集
```

堆算法（<algorithm>）：

```
    make_heap( )          //将元素重新排列构成一个堆
    push_heap( )          //往堆中添加元素
    pop_heap( )           //从堆中弹出第一个元素
    sort_heap( )          //对堆中元素进行排序
```

最大最小算法（<algorithm>）：

```
    min( )                //返回较小者
    max( )                //返回较大者
    min_element( )        //返回序列中的最小元素位置
    max_element( )        //返回序列中的最大元素位置
    lexicographical_compare( )  //按词典排列方式比较两个序列
```

排列运算（<algorithm>）：

```
    next_permutation( )   //按词典顺序将序列变换为下一个排列
    prev_permutation( )   //按词典顺序将序列变换为前一个排列
```

数值运算（< numeric>）：

```
    accumulate( )         //计算序列中所有元素的和
    partial_sum( )        //计算序列中部分元素的和，将结果存入另一个序列
    adjacent_difference( ) //计算序列中相邻元素的差，将结果存入另一个序列
    inner_product( )      //累加两序列对应元素的积，即序列的内积
```

➡ 10.5 迭代器

从前面的例子可以看出，仅依靠容器的成员函数还不能灵活地访问容器的元素。虽然有的容器可以利用下标运算符或at()成员函数访问元素，但不是所有的容器都定义了这两个成员函数。

迭代器也是一种数据类型（模板类）。迭代器对象的功能与指针类似，但是其指向容器对象的元素，而不是保存一个内存地址。我们可以称迭代器为泛型指针或抽象指针。STL 中的泛型算法需要通过迭代器遍历容器内全部或部分元素，而不用关心元素的具体类型。因为迭代器对所有的容器都适用，因此访问容器元素时，现代 C++程序更倾向于使用迭代器而不是下标操作。

C++库中的迭代器类主要在头文件<iterator>、<utility>和<memory>中定义。由于<algorithm>中包含了<iterator>，<iterator>及容器头文件中包含了<utility >，因此程序中有时不显式包含头文件<iterator>也可以使用迭代器。

容器内部一般也定义有自己的成员迭代器类型，如<vector>中定义了 iterator、const_iterator、reverse_iterator、const_reverse_iterator。

10.5.1　迭代器的分类

根据操作功能，可以将迭代器分为 5 种基本类型：输入迭代器、输出迭代器、前向迭代器、双向迭代器、随机访问迭代器。

- 输入迭代器：从容器中顺向读取数据，每次只能向前移动一步，而且只能读一次。C++库中的 istream_iterator 派生自输入迭代器，它专门用于读入流。
- 输出迭代器：向容器中顺向写入数据，每次只能向前移动一步，而且只能写一次。C++库中的 ostream_iterator 派生自输出迭代器，它专门用于写到流。
- 前向迭代器：同时具有输入迭代器和输出迭代器的能力，可以读/写多次。
- 双向迭代器：功能与前向迭代器类似，但在两个方向上都可以遍历数据。list、set/multiset、map/multimap 的迭代器属于这一类。
- 随机访问迭代器：具有双向迭代器的能力，但可以在任意两个位置之间跳转。这样的运算类似于指针运算（注意，没有空迭代器）。vector、deque、string 的迭代器属于这一类。

另外，派生出的逆向迭代器 reverse_iterator 重新定义了递增运算和递减运算，以便能反向地通过容器的各个元素；派生出的插入迭代器，包括 back_insert_iterator、front_insert_iterator 和 insert_iterator 三种类型，方便算法实现插入元素的功能。

不是所有的容器都支持迭代器。

vector、deque、string 容器支持随机访问迭代器；list、set、multiset、map、multimap 容器支持双向访问迭代器；stack、queue、priority_queue 是操作受限的容器适配器，不支持迭代器。

关于迭代器对象的定义形式，举例如下：

```
container::iterator p1;          //读/写模式遍历元素
container::const_iterator p2 ;   //只读模式遍历元素
```

其中，container 表示容器名，p1 和 p2 前面的部分整体上表示迭代器的类型。p1 和 p2 是迭代器对象的名字，可以带初值，一般是泛型算法的返回值，指向一个序列的某个元素。

10.5.2　使用迭代器

一个指针也可以视为一种迭代器。下面的例子显示了如何把指针作为迭代器用于 STL 的 find()算法来搜索普通的数组。find()函数接受三个参数，前两个参数定义了搜索的范围。数组名 iarray 指向第一个元素，iarray + 50 指向最后一个元素的后面位置。第三个参数是待定位的值，也就是 10。find()函数返回和前两个参数相同类型的迭代器（这里是指向整数的指针）。

例 10-11. find()算法通过指针来搜索普通数组。

```
//**************************************************
//例 10-11. find()算法通过指针来搜索普通数组
//ex10-11.cpp
//**************************************************
#include <iostream>
#include <algorithm>
using namespace std;
//数组含 50 个元素，自动初始化为零
int iarray[50];
//主函数
int main()
{
    iarray[20] = 10;                        //将第 20 个元素的值改为 10
    int* ip = find(iarray, iarray + 50, 10);//遍历数组，查找值为 10 的元素
    if (ip == iarray + 50)
        cout << "10 not found in the array." << endl;
    else
        cout << *ip << " found in the array." << endl;
    return 0;
}
```

运行结果：

```
10 found in the array.
```

迭代器用于指向容器的元素。迭代器重载了适合于指针运算的各种运算符，因此我们可以采用与指针类似的方式使用迭代器对象。

两个典型的容器类成员函数是 begin()和 end()，表示整个容器的范围。另外，成员函数 rbegin()和 rend()提供反向迭代器，即按反向顺序指定对象的范围。在下面的例子中，find()算法通过容器迭代器搜索元素，并通过逆向迭代器访问和修改元素。

例 10-12. find()算法通过迭代器来搜索容器对象。

```
//**************************************************
//例 10-12. find()算法通过迭代器来搜索容器对象
//ex10-12.cpp
//**************************************************
#include <iostream>
#include <algorithm>
#include <vector>
using namespace std;
//声明含 50 个元素的容器 intVector
vector<int> intVector(50);
//主函数
int main()
{
    intVector[20] = 10;
```

```
vector<int>::iterator intIter =
            find(intVector.begin(), intVector.end(), 10);
if (intIter != intVector.end())
    cout << "Vector contains the value: " << *intIter << endl;
else
    cout << "Vector does not contain 10." << endl;
```
//定义逆向迭代器对象 p，指向最后一个元素
```
vector<int>::reverse_iterator p = intVector.rbegin();
cout << *p << endl;           //输出最后一个元素的值 0
*p = 30;                      //修改最后一个元素的值为 30
cout << *p << endl;           //输出最后一个元素的值 30
p++;                          //指向倒数第二个元素
cout << *p << endl;           //输出倒数第二个元素的值 0
return 0;
}
```

运行结果：
```
Vector contains the value: 10
0
30
0
```

C++标准库为迭代器提供三个辅助函数：advance()、distance()和 iter_swap()，功能分别为前进或后退若干个元素、返回迭代器之间的距离、交换迭代器指向的两元素。这三个函数分别在<iterator><utility><algorithm>中定义。

下面通过实例说明如何应用这三个函数。

例 10-13. 迭代器的三个辅助函数。
```
//****************************************************
//例 10-13. 迭代器的三个辅助函数
//ex10-13.cpp
//****************************************************
#include <iostream>
#include <vector>
#include <algorithm>
using namespace std;
int main()
{
    int A[] = {1,2,3,4,5};           //定义数组 A 并初始化
    const int N = sizeof(A)/sizeof(A[0]);
    vector<int>  V(A, A+N);          //定义容器 V，并用 A 的元素值初始化
    vector<int>::iterator p = V.begin();
                                     //定义迭代器对象 p，指向 V 第一个元素
    advance(p, 3);                   //前进三个元素，指向第四个元素
    cout << "当前位置与第一个元素的距离: " << distance(V.begin(), p) << endl;
    iter_swap(V.begin(), V.end()-1);          //交换第一个与最后一个元素
```

```
        cout << *p << ", " << *(V.begin());        //输出第 4 个元素与第一个元素
        return 0;
    }
```

运行结果：

```
当前位置与第一个元素的距离：3
4, 5
```

到目前为止，在书中几乎所有的例子中，当需要连续输出序列的元素时，我们采用的都是循环结构，那么是否有某种通用的方法可以取代这种循环结构呢？答案是肯定的，可以采用输出流迭代器。输出流迭代器允许算法将序列输送给输出流对象。同样，输入流迭代器允许算法从输入流对象中获得它的输入序列。

例 10-14. 从键盘读入一些整型数据，进行排序，然后进行显示。

```cpp
//***************************************************
//例 10-14. 从键盘读入一些整型数据，进行排序，然后进行显示
//ex10-14.cpp
//***************************************************
#include <iostream>
#include <vector>
#include <algorithm>
using namespace std;
int main()
{
    //以下四行用于简化类型的书写形式
    typedef  vector<int>  int_vector;              //元素为整型的容器
    typedef  istream_iterator<int>  istream_itr;   //输入流迭代器
    typedef  ostream_iterator<int>  ostream_itr;   //输出流迭代器
    typedef  back_insert_iterator<int_vector>  back_ins_itr;
                                                   //后插迭代器
    int_vector num;                    //创建 vector 容器对象 num
    //从标准输入设备（键盘）读入整数，直到输入的是非整型数据为止
    copy(istream_itr(cin), istream_itr(), back_ins_itr(num));
    sort(num.begin(), num.end());        //STL 中的排序算法
    copy(num.begin(), num.end(), ostream_itr(cout, ", "));
                                         //显示序列元素
    return 0;
}
```

运行结果：

```
0 1 2 3 4 5 6 c↵（从键盘输入）
0, 1, 2, 3, 4, 5, 6,
```

可以看出，这个程序非常简单，只有关键的三行代码就实现了数据"输入－处理－输出"这个过程。

在第一个 copy()函数中，cin 代表了来自输入设备的数据流，从概念上讲，它对数据流的访问功能类似于一般意义上的迭代器，但是 C++中的 cin 操作起来并不像一个迭代器，原

因在于其接口和迭代器的接口不一致（例如，不能对 cin 进行++运算，也不能对之进行取值，即*运算）。为了解决这个矛盾，就需要引入适配器的概念。istream_iterator 便是一个适配器，它将 cin 进行包装，使它看起来像是一个普通的迭代器，这样就可以将它作为实参传给标准算法 copy()。因为算法只认得迭代器，而不会接受 cin。copy()函数的第一个参数展开后的形式是 istream_iterator<int>(cin)，第二个参数展开后的形式是 istream_iterator<int>()，效果是产生两个迭代器的临时对象，前一个指向整型输入数据流的第一个数据，后一个则指向末尾。这个函数的作用就是将整型输入数据流从头至尾逐一"复制"到 vector 容器对象 num 中。第三个参数也是适配器，展开后是 back_insert_iterator<vector<int>>(num)，效果是生成一个后插迭代器对象，作用是引导 copy()算法每次在容器对象 num 的末端插入一个数据。

　　sort()也是 STL 中的标准算法，用来对容器中的元素进行排序。它需要用两个迭代器参数来决定容器中元素的范围。成员函数 begin()指向 num 的第一个元素，而 end()指向 num 的末尾。

　　在第二个 copy()函数中，ostream_itr(cout, ",")的展开形式是 ostream_iterator<int>(cout, ",")，作用是产生一个处理输出数据流的迭代器对象，并指向数据流的起始处。copy()函数将从头至尾将 num 中的内容复制到输出设备，数据之间以","分开。

10.6　函数对象

　　第 5 章我们介绍了函数对象的概念，第 7 章列举了一个综合使用函数对象和多态性的例子。实际上，STL 中包含很多函数对象可供使用，可作为泛型算法的参数。

　　标准函数对象包含在头文件<functional>中，如 multiplies<T>、plus<T>等，主要包括算术运算、关系运算和逻辑运算，T 代表某种数据类型，如表 10-1 所示。

表 10-1　标准库中的函数对象

类　　型	STL 函数对象 （T 表示数据类型）	功能说明（arg 表示操作数）
算术运算	plus<T>	arg1 + arg2
	minus<T>	arg1 − arg2
	multiplies<T>	arg1 * arg2
	divides<T>	arg1 / arg2
	modulus<T>	arg1 % arg2
	negate<T>	− arg
关系运算	equal_to<T>	arg1 == arg2
	not_equal_to<T>	arg1 != arg2
	greater<T>	arg1 > arg2
	less<T>	arg1 < arg2
	greater_equal<T>	arg1 >= arg2
	less_equal<T>	arg1 <= arg2

类　　型	STL 函数对象 （T 表示数据类型）	功能说明（arg 表示操作数）
逻辑运算	logical_and\<T\>	arg1 && arg2
	logical_or\<T\>	arg1 || arg2
	logical_not\<T\>	!arg

普通函数、重载了调用运算符的类对象、标准函数对象都可以作为参数传递给泛型算法。下面以算法 accumulate() 为例进行举例说明。

例 10-15. 函数对象作为泛型算法的参数。

```cpp
//*****************************************************
//例10-15. 函数对象作为泛型算法的参数
//ex10-15.cpp
//*****************************************************
#include <iostream>
#include <numeric>        //头文件中定义了accumulate()
#include <functional>     //头文件中定义了标准函数对象
using namespace std;
//函数及类定义
int mult(int x, int y) { return x*y; } //自定义的乘法函数
class multclass                        //自定义类multclass
{
public:
    int operator()(int x, int y) const { return x*y; } //重载"()"
};
//主函数
int main()
{
    int a[] = {2, 2, 3, 4, 5};
    const int N = sizeof(a)/sizeof(int);
    int sum = accumulate(a, a+N, 0);         //求数组内所有元素之和：16
    cout << sum << endl;
    sum = accumulate(a, a+N, 1, mult);        //普通函数名作为参数，求积
    cout << sum << endl;
    sum = accumulate(a, a+N, 1, multclass());  //函数对象作为参数
    cout << sum << endl;
    sum = accumulate(a, a+N, 1, multiplies<int>());//标准函数对象作为参数
    cout << sum << endl;
    return 0;
}
```

运行结果：

```
16
240
240
240
```

在后面两种情况中，传给 accumulate()的类对象是通过类的默认构造函数获得的，形式上是函数调用的形式。上述代码后三种情况的结果都是 240，因为规定的运算都是求数组中的所有元素之积。当然也可以规定其他形式的运算。

下面再列举几个综合使用泛型算法、迭代器、容器、函数对象的实例。

例 10-16. 查找搜索算法。

```cpp
//****************************************************
//例 10-16. 查找搜索算法
//ex10-16.cpp
//****************************************************
#include <iostream>
#include <algorithm>
#include <vector>
using namespace std;
//判断是否整除 8
bool Times8(int n)
{
    return (n % 8 ? false : true);
}
//主函数
int main(void)
{
    vector<int> iV;                    //定义容器对象
    vector<int>::iterator p;           //定义迭代
    int istr[] = {14, 16};             //数组
    //向 iV 中存入 5 个数据器并输出到屏幕
    for(int i=5; i<15; i++) iV.push_back(i*2);
    copy(iV.begin(), iV.end(), ostream_iterator<int>(cout, ", "));
    cout << endl;
    //查找元素 12
    p = find(iV.begin(), iV.end(), 12);
    if (p!=iV.end()) cout << *p << " has been found." << endl;
    //查找能被 8 整除的第一个元素
    p = find_if(iV.begin(), iV.end(), Times8);
    if (p!=iV.end()) cout << *p << " has been found." << endl;
    //查找[14,16]中的元素首次出现在 iV 中的位置
    p = find_first_of(iV.begin(), iV.end(), istr, istr+2);
    if (p!=iV.end())
        cout << *p << " is located at " << p-iV.begin() << endl;
    //统计能被 8 整除的元素个数
    int num = count_if(iV.begin(), iV.end(), Times8);
    cout << "num= " << num <<endl;
    //查找序列[14,16]在 iV 中的位置
    p = search(iV.begin(), iV.end(), istr, istr+2);
    if (p!=iV.end())
        cout << "[14, 16] is located at " << p-iV.begin() << endl;
```

```
        return 0;
    }
```
运行结果：
```
10, 12, 14, 16, 18, 20, 22, 24, 26, 28,
12 has been found.
16 has been found.
14 is located at 2.
num = 2
[14, 16] is located at 2
```

例 10-17. 生成及修改元素。

```cpp
//**********************************************************
//例 10-17. 生成及修改元素
//ex10-17.cpp
//**********************************************************
#include <iostream>
#include <algorithm>
#include <vector>
using namespace std;
//函数定义
char fun() { return 'A'; }
//主函数
int main(void)
{
    vector<char>  cV(10);          //定义容器对象
    //使 cV 的所有元素都为 a
    fill(cV.begin(), cV.end(), 'a');
    copy(cV.begin(), cV.end(), ostream_iterator<char>(cout, ", "));
    cout << endl;
    //使 cV 的前三个元素为 b
    fill_n(cV.begin(), 3, 'b');
    copy(cV.begin(), cV.end(), ostream_iterator<char>(cout, ", "));
    cout << endl;
    //通过函数得到 cV 的后三个元素
    generate(cV.end()-3, cV.end(), fun);
    copy(cV.begin(), cV.end(), ostream_iterator<char>(cout, ", "));
    cout << endl;
    //删除重复元素,[first,p)内的元素无重复值, [p,last)迭代器有效但元素值不定
    vector<char>::iterator p;   //定义迭代器
    p = unique(cV.begin(), cV.end());
    copy(cV.begin(), p, ostream_iterator<char>(cout, ", "));
    cout << endl;
    //删除'a'
    p = remove(cV.begin(), cV.end(), 'a');
    copy(cV.begin(), p, ostream_iterator<char>(cout, ", "));
    cout << endl;
```

```
        return 0;
    }
```

运行结果：

```
a, a, a, a, a, a, a, a, a, a
b, b, b, a, a, a, a, a, a, a
b, b, b, a, a, a, a, A, A, A
b, a, A
b, a
```

例 10-18. 序列运算。

```cpp
//****************************************************
//例 10-18. 序列运算
//ex10-18.cpp
//****************************************************
#include <iostream>
#include <algorithm>
#include <functional>
using namespace std;
int main(void)
{
    int a[] = {1, 2, 3, 4, 5, 6, 7, 8, 9, 10};
    copy(a, a+10, ostream_iterator<int>(cout, ", "));
    cout << endl;
    //逆序
    reverse(a, a+10);
    copy(a, a+10, ostream_iterator<int>(cout, ", "));
    cout << endl;
    //交换前 5 个与后 5 个元素
    swap_ranges(a, a+5, a+5);
    copy(a, a+10, ostream_iterator<int>(cout, ", "));
    cout << endl;
    //用 transform()计算 a、b 之和，存于 a 中
    int b[] = {1, 2, 3, 4, 5, 6, 7, 8, 9, 10};
    copy(b, b+10, ostream_iterator<int>(cout, ", "));
    cout << endl;
    transform(a, a+10, b, a, plus<int>());
    copy(a, a+10, ostream_iterator<int>(cout, ", "));
    cout << endl;
    //a 中最大的元素
    int* pmax =  max_element(a, a+10);
    cout << "a[" << pmax-a << "]= " << *pmax << endl;
    //合并两数组
    int c[10];
    merge(a, a+5, b, b+5, c);
    copy(c, c+10, ostream_iterator<int>(cout, ", "));
```

```
        cout << endl;
        return 0;
    }
```

运行结果：

```
1, 2, 3, 4, 5, 6, 7, 8, 9, 10,
10, 9, 8, 7, 6, 5, 4, 3, 2, 1,
5, 4, 3, 2, 1, 10, 9, 8, 7, 6,
1, 2, 3, 4, 5, 6, 7, 8, 9, 10,
6, 6, 6, 6, 6, 16, 16, 16, 16, 16
a[5]= 16
1, 2, 3, 4, 5, 6, 6, 6, 6, 6,
```

标准库中提供的泛型算法及函数对象灵活多样，操作数组及标准容器非常方便，我们在此只列举了少部分功能，感兴趣的读者可以尝试其他功能。

10.7　流类

数据从外设（如磁盘、键盘、网络等）进入我们的程序称为"输入"，离开程序到外设（如磁盘、显示器、打印机、网络等）称为"输出"。操作系统允许用户命名一个文件，并将数据以文件的方式保存在外存（如磁盘）中。操作系统把输入/输出设备如键盘、显示器、打印机、串口、网络设备等也视为文件，它们都有自己的文件名。这样，我们编写程序时不必涉及物理设备，只要使用文件名就可以与外设进行交互。

文件根据数据的编码方式分为文本文件和二进制文件，根据存取方式分为顺序存取文件和随机存取文件。ASCII 码格式的文本文件，每一字节（注意，数据在文件中都是二进制形式的）代表一个字符，或者代表控制设备的特殊符号如换行、响铃等。将文本文件送到可以解释 ASCII 码的输出设备如显示器、打印机中，就可以显示字符流。键盘属于字符型输入设备。操作系统将这些设备当成文本文件对待。二进制文件中的数据以二进制格式存放，可以是各种类型的数据，如 C++的基本数据、图像、声音等。因为二进制文件不能像文本文件那样方便地识别文件结束符，所以要根据数据流的长度或流指针的位置进行文件读/写。

C++语言没有输入/输出语句，但为我们提供了流类库。基于流类库，程序可以建立流对象（常简称为流），并指定这个流对象与某个文件建立连接，程序操作流对象也就会对文件产生影响。程序中的数据存于计算机内存之中，通过流对象就可以实现内存与文件之间的交互。程序从流对象获取数据的操作（读操作）称为提取（>>），向流对象输出数据的操作（写操作）称为插入（<<）。

C++流类库是通过多重继承与虚继承实现的模板类层次结构。流类库提供两组模板类，一组支持多字节字符，另一组支持单字节字符，这里只介绍支持单字节的流类。图 10-2 显示主要流类的继承关系，尖括号内的是类所在的头文件。

ios 类是抽象基类，提供输入/输出所需的公共操作，包含一个指向 streambuf 的指针。streambuf 主要负责缓冲区的管理。派生类 filebuf 对文件操作提供缓冲管理，stringbuf 对串流对象操作提供缓冲管理。输出流类 ostream 定义了使数据从内存流出的有关操作，输入流类 istream 定义了使数据流入内存的有关操作，iostream 综合了二者的功能。文件输入/输出流类 fstream 和串输入/输出流类 stringstream 是 iostream 的两个派生类。

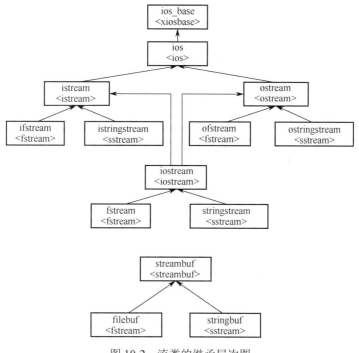

图 10-2 流类的继承层次图

头文件<iostream>中声明了 8 个预定义的流对象，用于完成在标准设备上的输入/输出操作：cin、cout、cerr、clog、wcin、wcout、wcerr、wclog，这里我们只关心前面 4 个对象。使用这些标准对象时应包含头文件<iostream>，同时要注意它们被声明在名字空间 std 中。

10.7.1 标准流

标准流（对象）是 C++标准流库中预定义的对象，内存通过标准流对象与标准外设（如键盘、显示器）建立联系。标准流对象在头文件<iostream>中声明。

标准输入流 cin 是 istream 类的一个对象，通常连向键盘，也可以重定向。istream 类中重载了提取运算符>>，函数的返回类型为 istream&。对于基本数据类型，可以直接使用 cin>>，也就是调用成员函数 cin.operator>>()，而且可以连用。例如：

```
double x;
cin >> x;  //可以直观地看出数据的流动方向：键盘→x
```

提取运算具有类型转换功能，可以正确做出类型解释，并将其中的空格、换行作为分隔符，将键盘输入的数据送给变量 x。

标准输出流 cout 是 ostream 类的一个对象，通常连向显示器，也可以重定向。ostream

类中重载了插入运算符<<，函数的返回类型为 ostream&。对于基本数据类型，可以直接使用 cout<<，也就是调用成员函数 cout.operator<<()，而且可以连用。这样的操作我们已经多次用过。

标准错误输出流 cerr 是 ostream 类的一个对象，连向显示器，不可以重定向。输出到 cerr 的错误信息只需要显示，不需要保存，因此不经过缓冲区。

标准错误输出流 clog 是 ostream 类的一个对象，连向打印机，不可以重定向。输出到 clog 的错误信息要经过缓冲区，等到缓冲区刷新时才输出。

关于标准流对象 cin、cout，本书的例题中多次用到，这里不再列举例。cerr 与 clog 的使用方法与 cout 类似。

10.7.2　文件流

文件流（对象）在内存对象与文件之间建立联系。三个文件流类 ifstream、ofstream、fstream 在头文件<fstream>中定义。这三个文件流类都定义了 open()成员函数和 close()成员函数。

与标准流对象不同，文件流对象需要我们自己在程序中建立，然后与实际文件相关联（打开文件）。一旦文件流与文件连接后，就可以使用流类的各种功能对文件进行操作。操作完一个文件后要及时关闭。

打开文件时要通过构造函数或者成员函数 open()把流对象与磁盘文件关联起来。函数的第一个参数指明要打开的文件名，第二个参数是文件的打开方式。例如：

```
//建立文件流类 fstream 的对象 fobject，与 d 盘中的文件 mydata.dat 关联
//以读/写方式打开
fstream fobject("d:\\mydata.dat", ios_base::in|ios_base::out);
```
或者
```
fstream fobject;        //建立文件流对象 fobject
fobject.open("d:\\mydata.dat", ios_base::in|ios_base::out);
                                          //连接文件，指定打开方式
```

文件打开方式是 ios_base 类中定义的枚举常量，不同方式之间可以利用或运算符"|"进行组合，它们的含义如下：

```
ios_base::in        以读方式打开文件
ios_base::out       以写方式打开文件
ios_base::ate       打开文件时，文件指针指向文件末尾
ios_base::app       向文件尾追加内容
ios_base::trunk     删除文件现有内容
ios_base::binary    以二进制方式打开文件；默认为文本方式
```

关闭文件的形式为：

```
fobject.close();    //关闭文件
```

例 10-19. 内存对象与文件之间通过文件流对象进行数据交互。

```
//******************************************************
//例 10-19. 内存对象与文件之间通过文件流对象进行数据交互
```

```
//ex10-19.cpp
//*****************************************************
#include <iostream>
#include <fstream>
using namespace std;
int main()
{
    //建立输出文件流对象 ofobject,与文件 mydata.dat 关联,以写方式打开文件
    //如果文件不存在,则创建新文件;如果存在,则删除文件原来的内容
    //要求在当前目录下已经存在文件 mydata.dat
    ofstream ofobject("mydata.dat", ios_base::out);
    double d1 = 9.5, d2 = 0.0;
    ofobject << d1;          //通过 ofobject 将 d1 的值写入文件
    ofobject.close();        //关闭文件
    //建立输入文件流对象 ifobject,与文件 mydata.dat 关联,以读方式打开文件
    ifstream ifobject("mydata.dat", ios_base::in);
    ifobject >> d2;          //通过 ifobject 将文件内容读出给 d2
    cout << d2 << endl;      //输出 d2 的值到显示器
    ifobject.close();        //关闭文件
    return 0;
}
```
运行结果:
```
9.5
```

10.7.3　串流

标准流对象在内存对象与标准外设之间建立联系,文件流对象在内存对象与文件之间建立联系。数据在内存对象之间流动时,使用赋值运算是最有效的。但当需要对数据进行格式化处理时,使用赋值运算就不方便了,这时可以利用串流(对象)。

几个串流类(输入串流类 istringstream、输出串流类 ostringstream、串流类 stringstream)在头文件<sstream>中定义。串流对象也需要我们自己在程序中进行声明。

例 10-20. 内存对象之间通过串流对象进行数据交互。
```
//*****************************************************
//例 10-20. 内存对象之间通过串流对象进行数据交互
//ex10-20.cpp
//*****************************************************
#include <iostream>
#include <sstream>
#include <string>
using namespace std;
int main()
```

```
{
    string s = "Input data 8.5"; //建立 string 对象 s，注意与串流对象区分开
    string s1, s2;
    double d;
    stringstream mystream(s);    //建立串流对象 mystream，与 s 联系
    cout <<mystream.str() << endl;
    mystream >> s1 >> s2 >> d;  //通过 mystream，提取数据给 s1、s2 和 d
    cout << s1 << ends << s2 << ends << d << endl;//显示 s1、s2 和 d 的值
    mystream.clear();            //清除标记位
    mystream.str("");            //清空 mystream
    int x = 2, y = 3;
    mystream << x << " * " << y << " = " << x*y;
                                 //向 mystream 插入"2 * 3 = 6"
    s = mystream.str();          //通过 mystream 改变 s 的内容
    cout << s << endl;
    return 0;
}
```

运行结果：

```
Input data 8.5
Input data 8.5
2 * 3 = 6
```

10.7.4 重载提取运算符和插入运算符

istream 类中重载了提取运算符（>>），ostream 类中重载了插入运算符（<<），这两个运算符重载函数可以完成从流对象提取和向流对象插入基本类型数据的功能，但不能提取和插入类类型的对象。如果希望能够提取和插入类类型的对象，就像我们使用基本类型数据一样，就需要在定义类时重载这两个运算符。

在第 5 章我们已经列举了一个重载这两个运算符的例子，下面通过另一个例子再次说明如何重载这两个运算符。题目要求：设计由年、月、日构成的 Date 类，并实现从键盘读入 Date 类型数据、向显示器输出 Date 类型数据的功能。

例 10-21. 重载提取与插入运算符——date 类测试。

```
//************************************************
//例 10-21. 重载提取与插入运算符——date 类测试
//ex10-21.cpp
//************************************************
#include <iostream>
using namespace std;
//类定义
class date
{
```

```
public:
    date(int x = 0,int y = 0,int z = 0) { year=x; month=y; day=z; }
                                                    //构造函数
    friend ostream& operator<<(ostream& ost, const  date& d);
                                                    //重载<<为友元函数
    friend istream& operator>>(istream& ist, date& d);
                                                    //重载>>为友元函数
private:
    int year, month, day;
};
//friend 函数定义,注意不是类的成员
ostream& operator <<(ostream& ost, const date& d)
{
    ost << d.year << " " << d.month << " "<< d.day << endl;
                                                    //ost 为 ostream 类对象
    return ost;
}
istream& operator >>(istream& ist, date& d)
{
    cout << "请输入年、月、日的数值,如 2002 12 15: " << endl;
    ist >> d.year >> d.month >> d.day;  //ist 为 istream 类对象
    return ist;
}
//主函数
int main()
{
    date d;       //建立 date 型对象 d
    cin >> d;     //即调用函数 operator>>(cin, d),从标准流对象 cin 提取 d
    cout << d;    //即调用函数 operator<<(cout, d),向标准流对象 cout 插入 d
    return 0;
}
```

运行结果:

　　请输入年、月、日的数值,如 2002 12 15:

　　2008 5 5↵（从键盘输入）

　　2008 5 5

10.7.5　输入/输出成员函数

标准 C++中,数据的输入/输出操作都是通过类 istream 及 ostream 中的接口函数实现的。在前面的例子中,输入/输出调用的都是提取运算符函数和插入运算符函数。在这两个类中还定义了其他输入/输出成员函数。下面介绍几个主要成员函数。

1. 类 istream 中的成员函数

get(),从输入流对象中提取一个或多个字符,该函数有多种重载形式。不带参数时从

输入流对象中提取一个字符，包括空格；带一个参数（char& c）时，从输入流对象中提取一个字符并写入 c 所引用的对象；带两个参数（char* pch, int n）时，从输入流对象中读取 n-1 个字符，或遇到回车符结束，并把读取的字符赋给字符数组 pch；带三个参数（char* pch, int n, char cl = '\n'）时，从输入流对象中读取 n-1 个字符，或遇到指定字符 cl 结束，并把读取的字符赋给字符数组 pch。

在读入字符时，该函数包括空白字符，而提取运算符默认情况下不接受空白字符。

getline()，从输入流对象中提取多个字符，功能与 get() 带两个及三个参数的情况相同。

read()，函数原型为 "istream& read(char* pch, int n)"，功能是通过输入流对象，从文件中读取 n 个二进制字节，并存入 pch 指定的存储区域。

seekg()，移动输入流指针。输入流对象中的内部指针，指向下一次要读数据的位置（字节数），seekg() 设置这个指针，从而实现以随机方式从磁盘文件读入。

tellg()，返回当前流指针相对文件首的字节偏移量。

2. 类 ostream 中定义的成员函数

put()，把一个字符写到输出流对象中。

write()，函数原型为 "ostream& write(const char * pch, int n)"，功能是通过输出流对象，把 pch 指定的存储区域中的 n 个二进制字节写入文件。

seekp()，移动输出流指针。输出流对象中的内部指针，指向下一次写数据的位置，seekp() 设置这个指针，从而实现以随机方式向磁盘文件输出。

tellp()，返回当前流指针相对文件首的字节偏移量。

3. 类 ios_base 中定义的三个表示流指针位置的枚举常量

类 ios_base 中定义的三个表示流指针位置的枚举常量如下。

ios_base::beg：文件首位置。

ios_base::cur：文件当前位置（负数表示当前位置之前）。

ios_base::end：文件尾部位置。

例 10-22. 使用成员函数 get() 与 put() 进行数据的输入与输出。

```
//************************************************
//例 10-22. 使用成员函数 get() 与 put() 进行数据的输入与输出
//ex10-22.cpp
//************************************************
#include <iostream>
#include <fstream>
using namespace std;
int main()
{
    char c;
```

```
    ofstream ofobject("mydata.dat");    //建立输出文件流对象
    cout << "Please input a sentence followed by ENTER:" << endl;
    while ( (c = cin.get()) != '\n')    //从键盘输入系列字符,以回车符结束
        ofobject.put(c);                //将字符输出到文件,包括空白
    ofobject.close();
    char s[5];
    ifstream ifobject("mydata.dat");    //建立输入文件流对象
    ifobject.get(s,sizeof(s)/sizeof(char));
                                //将文件中的前 4 个字符读出赋给 s,含空格
    cout << s << endl;          //显示 s
    ifobject.close();           //关闭文件
    return 0;
}
```

运行结果:

```
Please input a sentence followed by ENTER:
C++ programming.↵ (从键盘输入)
C++
```

默认方式下,认为打开的文件是文本文件。在这种方式下进行输入/输出时,存在换行符与回车换行符的自动转换问题。使用二进制模式输入/输出时,就不会出现这种问题。

例 10-23. 使用成员函数 read()与 write()进行数据的输入与输出。

```
//*********************************************************
//例 10-23. 使用成员函数 read()与 write()进行数据的输入与输出
//ex10-23.cpp
//*********************************************************
#include <iostream>
#include <fstream>
using namespace std;
//类定义
class date
{
public:
    date(int x = 0,int y = 0,int z = 0) { year = x; month = y; day = z; }
    //构造函数
private:
    int year, month, day;
};
//主函数
int main()
{
    date myd(2007, 1, 1);               //建立 date 类对象 myd
    fstream fobject;                    //建立 fstream 类对象 fobject
    //按二进制方式打开文件,要求文件 mydata.dat 事先存在
    fobject.open ("mydata.dat", ios_base::in|ios_base::out|
            ios_base::binary);
```

```
        fobject.write((char*)&myd, sizeof(myd));    //向文件中输出对象 myd
        int ymd[3];
        fobject.seekg(0, ios_base::beg);                //将流指针移到文件开头
        fobject.read( (char*)&ymd, sizeof(myd) );   //从文件中读数据给 ymd
        cout << ymd[0] <<", " <<ymd[1] << ", " <<ymd[2]<< endl;//显示数据
        fobject.close();                           //关闭文件
        return 0;
    }
```
运行结果：

    2007, 1, 1

10.7.6　输入/输出格式控制

为了控制输入/输出的格式，C++标准库为我们预定义了格式控制常量、设置格式标志字的函数，以及格式控制符（manipulator）。

1．格式控制常量与标志字设置函数

在类 ios_base 中声明了一个记录当前流格式的标志字数据成员，标志字的每一位记录一种格式，为了便于记忆，每种格式对应一个枚举常量，还定义了能够直接设置格式标志字的成员函数，下面把枚举常量和主要函数列出来，其中 I 表示只能用于流的提取，O 表示只能用于流的插入，I/O 表示可用于流的提取与插入。

```
//以下为类 ios_base 中声明的格式控制常量
ios_base::skipws        //跳过输入中的空白，默认状态（I）
ios_base::unitbuf       //插入操作后立即刷新流（O）
ios_base::uppercase     //十六进制数、基符 0X、科学记数法中的 E 用大写字母（O）
ios_base::showbase      //在输出中包含进制基数前缀（O）
ios_base::showpoint     //总是显示小数点（O）
ios_base::showpos       //在正数前+（O）
ios_base::left          //按输出域左对齐输出（O）
ios_base::right         //按输出域右对齐输出（O）
ios_base::internal      //将填充字符加到符号和数值的中间（O）
ios_base::dec           //以十进制数显示，默认状态（I/O）
ios_base::oct           //以八进制数显示（I/O）
ios_base::hex           //以十六进制数显示（I/O）
ios_base::scientific    //以科学记数法形式显示浮点数（O）
ios_base::fixed         //以定点形式显示浮点数，默认状态（O）
ios_base::boolalpha     //把逻辑值显示为 true 和 false（O）
ios_base::adjustfield   //对齐方式域（与 left、right、internal 配合使用）
ios_base::basefield     //基方式域（与 dec、oct、hex 配合使用）
ios_base::floatfield    //浮点方式域（与 fixed、scientific 配合使用）

//以下为类 ios_base 中定义的格式控制函数
```

```
long flags(ios_base::lFlags)//用参数 lFlags 更新标志字，返回更新前的标志字
long flags() const              //返回标志字
long setf(ios_base::lFlags)   //设置 lFlags 指定的标志位，返回更新前的标志字
long unsetf(ios_base::lFlags)//将 lFlags 指定的标志位清 0，返回更新前的标志字
int width() const              //返回当前输出宽度值
int precision() const          //返回当前显示精度值
//将 lMasks 指定的标志位清 0，设置 lFlags 指定的标志位，返回更新前的标志字
long setf(ios_base::lFlags, ios_base::lMasks)
//设置数据显示精度，保留小数点后 np 位，默认值是 6 位
int precision(int np)
//下面函数设置下一个输出项的显示宽度位 nw
//若 nw 大于数据所需宽度，则以右对齐方式显示
//若 nw 小于数据所需宽度，则数据以默认格式输出
//该函数没有持续性，完成一次输出后，就恢复系统的默认设置
int width(int nw)

//以下为类 ios 中定义的格式设置成员函数
char fill(char c)     //当设置宽度大于数据显示需要宽度时，其他位置以字符 c 填充
char fill() const    //返回当前使用的填充符
```

例 10-24. 格式设置函数与格式控制常量的应用。

```
//************************************************
//例 10-24．格式设置函数与格式控制常量的应用
//ex10-24.cpp
//************************************************
#include <iostream>
#include <string>
using namespace std;
int main()
{
    string name = "Zhang";
    cout.fill('*');                //置填充符 '*'
    cout.width(10);                //置输出宽度
    cout.setf(ios_base::left);   //左对齐
    cout << name << endl;
    cout.width(10);                //置输出宽度
    cout.setf(ios_base::right, ios_base::left);    //改左对齐为右对齐
    cout << name << endl;
    cout.setf(ios_base::hex, ios_base::basefield); //十六进制数输出
    cout.setf(ios_base::showbase);                 //包含基符，这里为 0x
    cout << 255 << endl;
    double d = 318.567;
    cout.setf(ios_base::fixed|ios_base::showpos);  //定点输出，显示+
    cout << d << endl;
    cout.setf(ios_base::scientific, ios_base::floatfield);
                                                   //科学记数法形式输出
```

```
        cout.precision(2);
        cout << d << endl;
        return 0;
    }
```

运行结果：

```
Zhang*****
*****Zhang
0xff
+318.567000
+3.19e+02
```

2. 格式控制符

使用上面的格式设置函数控制输入/输出的格式比较麻烦，C++标准库中定义了一些模板函数，可以作为提取和插入运算符重载函数的右操作数，实现输入/输出的格式控制，因此称为控制符。这些控制符不会导致读/写数据，只是修改流对象的内部状态，应用之后返回原来的流类型。

在 ios 类中定义的格式控制符，名称与前面基类 ios_base 中的格式控制常量相同，作用也相同。注意带 no 前缀的函数与不带前缀的函数构成一对。如 boolalpha()把逻辑值显示为 true 和 false，而 noboolalpha()把逻辑值显示为 1 和 0 等。在 istream 类中定义了函数 ws()，表示输入时不考虑空白字符。我们知道，istream 类中的 get()函数，默认情况下是考虑空白字符的，如果之前用了"cin>>ws;"，再用 get()函数提取字符时，就会忽略白字符。在 ostream 类中定义了函数 endl()、ends()、flush()，功能分别是插入换行符然后刷新 ostream 缓冲区、插入空白符然后刷新 ostream 缓冲区、刷新 ostream 缓冲区。将上面这些函数的名字作为提取或插入运算符函数的右参数使用时，应包含头文件<iostream>，同时要注意这些名字定义在 std 中。

另外，头文件<iomanip>中也声明了几个控制格式的模板函数，使用时以函数调用形式作为提取或插入运算符函数的右操作数。函数功能如下：

```
setbase(int b)          //设置进制基数b, b = 8, 10, 16（I/O）
setfill(char c)         //设置填充符c（O）
setprecision(int n)     //设置浮点数精度为n（O）;
setw(w)                 //设置输出宽度为w个字符（O）
```

下面对上例进行修改，利用格式控制符实现同样的功能。

例 10-25．修改上例，利用格式控制符实现同样的功能。

```
//*****************************************************
//例10-25. 修改上例，利用格式控制符实现同样的功能
//ex10-25.cpp
//*****************************************************
#include <iostream>
#include <string>
#include <iomanip>
using namespace std;
int main()
```

```
    {
        string name = "Zhang";
        cout << setfill('*') << setw(10) << left << name << endl;
        cout << setw(10) << right << name << endl;
        cout << hex << showbase << 255 << endl;
        double d = 318.567;
        cout << fixed << showpos << d << endl;
        cout << scientific << setprecision(2) << d << endl;
        return 0;
    }
```

运行结果：

```
Zhang*****
*****Zhang
0xff
+318.567000
+3.19e+02
```

10.8 数值计算

这部分主要介绍标准库中与数据计算有关的内容。

10.8.1 数学函数

常用的数学函数在头文件<cmath>中定义，见表 10-2。

表 10-2 常用的数学函数

数 学 函 数	功　　能	数 学 函 数	功　　能
int abs(int) double fabs(double)	求绝对值	double atan2(double x, double y)	求 atan(x/y)
double ceil(double d)	求不小于 d 的最小整数	double sinh(double)	求双曲正弦
double floor(double d)	求不大于 d 的最大整数	double cosh(double)	求双曲余弦
double sqrt(double d)	求 d 的平方根，d 非负	double tanh(double)	求双曲正切
double pow(double d, double c) double pow(double d, int c)	求 d^c。d<0 时，如果 c 不是整数，则出错；d==0 时，如果 c<0，则出错	double log(double d)	求自然对数，d>0
double exp(double d)	求 e^d	double log10(double d)	求以 10 为底的对数，d>0

（续表）

数 学 函 数	功　能	数 学 函 数	功　能
double cos(double)	求余弦	double modf(double d, double* p)	返回 d 的小数部分，整数部分存入*p
double sin(double)	求正弦	double frexp(double d, int* p)	求 $d=x*2^y$，返回 $x \in [0.5, 1)$，并将 y 存入*p
double tan(double)	求正切	double fmod(double d, double m)	求 d/m 的余数，符号与 d 相同
double acos(double)	求反余弦	double ldexp(double d, int i)	求 $d*2^i$
double asin(double)	求反正弦	div_t div(int n, int m)	求 n/m，返回包含商 quot 与余数 rem 的结构
double atan(double)	求反正切		

例如：

```
double d1, d2;
d1 = modf(2.8, &d2);      //将小数部分 0.8 赋给 d1，整数部分 2 存入 d2
int a, b;
d1 = frexp(-5.2, &a);     //-5.2 = -0.65*2³，将-0.65 赋给 d1，将指数 3 存入 a
a = div(7, 3).quot;       //商
b = div(7, 3).rem;        //余数
```

10.8.2　向量计算

头文件<valarray>中定义了类型 valarray、slice 等，并重载了一些二元运算符和常用的数学函数。下面主要介绍 valarray 和 slice 的使用，其他内容请参考有关资料。

valarray 与数学意义上的向量类似，能够进行类似向量的各种数学运算。可以用数组或单个的值为 valarray 对象初始化。例如：

```
const double v[] = {0, 1, 2, 3, 4};    //含 5 个元素的数组
valarray<int>  v1(-1, 10);             //含 10 个元素的向量 v1，元素的初值为-1
valarray<float>  v2(10);               //含 10 个元素的向量 v2
valarray<double>  v3(v, 4);//含 4 个元素的向量 v3，元素的初值为 0，1，2，3
valarray<double>  v4 = v3;   //v4 含有 v3.size()个元素，元素初值与 v3 相同
```

作为成员函数，valarray 重载了下标[]、~、!、取正、取负及赋值系列运算符。一个 valarray 对象可以赋值给另一个同样大小的 valarray 对象，也可以将一个标量赋给 valarray 对象，如"v1=7;"的作用是将 7 赋给 v1 的所有元素。其他与标量的运算也有类似的效果，即将一个标量作用于一个向量，意味着作用于向量的每个元素。

注意 ----------

　　头文件中没有定义用于输入/输出的运算符>>和<<，而其中的>>和<<是进行二进制移位的位运算符。如果需要，用户可以自己定义输入/输出运算符>>和<<的重载形式。另外，valarray 的操作一般不改变原来对象的值。

valarray 中的其他成员函数如下。

```cpp
T sum() const;                          //求元素之和
T min() const;                          //求最小的元素值
T max() const;                          //求最大的元素值
valarray shift(int i) const;            //元素移位,i>0 表示左移,i<0 表示右移
valarray cshift(int i) const;           //元素循环移位,i>0 表示左移,i<0 表示右移
valarray apply( T f(T) ) const;         //对每个元素,result[i]=f(v[i])
valarray apply( T f(const T&) ) const;
unsigned int size() const;              //返回元素个数
void resize(unsigned int n, const T& val );     //重新设置向量的大小
```

例 **10-26**. 使用 valarray。

```cpp
//****************************************************
//例 10-26. 使用 valarray
//ex10-26.cpp
//****************************************************
#include <iostream>
#include <valarray>
#include <cmath>
using namespace std;
int main()
{
    int v[] = {1, 2, 3, 4, 5};
    valarray<int>  v1(v, 5);                  //v1: 1, 2, 3, 4, 5
    valarray<int>  v2 = v1.shift(2);          //v2: 3, 4, 5, 0, 0
    valarray<int>  v3 = v1.cshift(2);         //v3: 3, 4, 5, 1, 2
    v3 = v1*v2;                               // v3: 3, 8, 15, 0, 0
    valarray<int>  v4 = v1<<2;                //v4: 4, 8, 12, 16, 20
    double v0[] = {0, 0.52, 1.04, 1.57};
    valarray<double>  v5(v0, 4);              //v5: 0, 0.52, 1.04, 1.57
    valarray<double>  v6 = sin(v5);           //v6: 0, 0.5, 0.86, 1
    valarray<double>  v7 = v5.apply(sin);     //v7: 0, 0.5, 0.86, 1
    return 0;
}
```

slice 主要与 valarray 配合使用,作用是从 valarray 中以一定间隔提取部分元素,构成新的一组数据(子数组),这种方法要比使用循环语句简单。主要用法如下:

```cpp
slice
(   unsigned int  start,     //截取数组的开始位置(在 valarray 中的下标)
    unsigned int  size,      //子数组的元素个数
    unsigned int  stride     //提取元素的间隔
);
```

例 **10-27**. 使用 slice。

```cpp
//****************************************************
//例 10-27. 使用 slice
```

```
//ex10-27.cpp
//************************************************************
#include <iostream>
#include <algorithm>
#include <valarray>
using namespace std;
int main( )
{
    int i;
    valarray<int> va(15), vb;
    for ( i = 0; i < 15; i++ )
        va[i] = 2*i;
    cout << "The elements of Valarray va are:" << endl;
    copy(&va[0], 1+&va[va.size()-1], ostream_iterator<int>(cout, " "));
    cout << endl;
    //从下标为 1 的元素开始，每隔 4 个取一个元素，共取 3 个元素
    slice vaSlice(1, 3, 4);
    vb = va[vaSlice];
    cout << "The elements of va's slice(1,3,4) are:" << endl;
    copy(&vb[0], 1+&vb[vb.size()-1], ostream_iterator<int>(cout, " "));
    cout << endl;
    return 0;
}
```

运行结果：

```
The elements of Valarray va are:
0 2 4 6 8 10 12 14 16 18 20 22 24 26 28
The elements of va's slice(1,3,4) are:
2 10 18
```

10.8.3 复数计算

使用标准库中的复数类 complex 时需要包含头文件<complex>。其中重载了运算符如
+、−、*、/、==、!=、取正、取负、提取与插入等，以及常用的数学函数 sin()、cos()、
tan()、sinh()、cosh()、tanh()、sqrt()、exp()、log()、log10()、pow()等。定义了如下函数：

```
T real(const complex<T>&);                        //求实部
T imag(const complex<T>&);                        //求虚部
T abs(const complex<T>&);                         //求模
T arg(const complex<T>&);                         //求角
T norm(const complex<T>&);                        //模的平方
complex<T> polar(const T& rho, const T& theta) ;  //极坐标输入
```

complex 的成员函数主要包括求实部、求虚部及赋值运算。复数读入的一般形式是(x,
y)，x 表示实部，y 表示虚部。

例 10-28. 使用 complex。

```
//***********************************************
//例10-28. 使用complex
//ex10-28.cpp
//***********************************************
#include <iostream>
#include <complex>
using namespace std;
int main()
{
    complex<double> c1(1, 1.5), c2(-1, 2.5), c3;
    cout << "请输入复数,如(2.5, 3.0):" << endl;
    cin >> c3;          //从键盘读入实部和虚部
    c3 = c1 + c2;    //求两复数之和
    cout << "c3=" << c3 << endl;
    cout << "c3 的模: " << abs(c3) << endl;
    return 0;
}
```

运行结果:

```
请输入复数,如(2.5, 3.0):
(3.3, 4.4)↵(从键盘输入)
c3=(0,4)
c3 的模: 4
```

10.8.4　泛型数值算法

在头文件<numeric>中,提供 4 个数值算法函数,其参数风格与<algorithm>中的非数值算法类似。这 4 个通用数值算法如下:

```
accumulate()              //计算序列的所有元素之和
inner_product()           //计算两序列的内积,即对应元素乘积之和
partial_sum()             //累加当前及前面的元素,将结果保存到另一个序列中
adjacent_difference()     //计算相邻元素的差,将结果保存到另一个序列中
```

例 10-29. 泛型数值算法。

```
//***********************************************
//例10-29. 泛型数值算法
//ex10-29.cpp
//***********************************************
#include <iostream>
#include <numeric>
#include <vector>
using namespace std;
int main()
{
```

```
        int iarray[] = {1, 2, 3, 4};
        vector<int> iv1(iarray, iarray+sizeof(iarray)/sizeof(iarray[0]));
        vector<int> iv2(sizeof(iarray), 2);
        //求 iv1 的各元素之和: 10
        cout << accumulate(iv1.begin(), iv1.end(), 0) << endl;
        //求 iv1 与 iv2 的内积: 20
        cout << inner_product(iv1.begin(), iv1.end(), iv2.begin(), 0) << endl;
        //当前及前面的元素之和,构成新序列: 1, 3, 6, 10
        partial_sum(iv1.begin(), iv1.end(), ostream_iterator<int>(cout, " "));
        cout << endl;
        //相邻元素之差,构成新序列: 1, 1, 1, 1
        adjacent_difference(iv1.begin(), iv1.end(),
                           ostream_iterator<int>(cout, " "));
        cout << endl;
        return 0;
    }
```

运行结果：

```
10
20
1, 3, 6, 10
1, 1, 1, 1
```

10.8.5　随机数产生

随机数产生在很多仿真研究和游戏设计中是必不可少的。

<cstdlib>中提供下面两个函数：

```
    void srand(unsigned int i);//将随机数生成器的种子置 i
    int rand();                //产生 0~RAND_MAX(32767)之间的伪随机数
```

利用 C++标准库中的 rand()，每次运行程序产生的随机数都是一样的，这样做是为了方便调试。而我们需要的是尽量逼真的随机数，即每次运行程序产生的随机数都应该有所不同。这时，如果先执行语句"srand((unsigned)time(0));"，即以时间为种子产生随机数，则可以保证每次产生的随机数不一样，因为时间是不断变化的，所以只要两次运行的间隔大于 1 秒即可。

产生随机数的方式有很多，常用的有下面几种：

```
    rand() % n;             //产生 0~n-1 之间的随机数, n 为正整数
    1 + rand() % n;         //产生 1~n 之间的随机数, n 为正整数
    int((double(rand())/RAND_MAX)*n);   //产生 0~n 之间的随机数
    double(rand())/double(RAND_MAX);    //产生 0~1 之间的随机小数
```

例 10-30. 随机数产生。

```
    //***********************************************************
    //例 10-30. 随机数产生
    //ex10-30.cpp
```

```
//****************************************************
#include <iostream>
#include <cstdlib>
#include <ctime>
using namespace std;
int main()
{
    srand((unsigned)time(0));
    int i = 0;
    //产生 0~1000 之间的 10 个随机数
    for(i = 0; i < 10; i++)
        cout << int((double(rand())/RAND_MAX)*1000) << " ";
    cout << endl;
    //产生 0~100 之间的 10 个随机数
    for(i = 0; i < 10; i++)
        cout << rand()%101 << " ";
    cout << endl;
    //产生 0~1 之间的 5 个小数
    for(i = 0; i < 5; i++)
        cout << double(rand())/double(RAND_MAX) << " ";
    cout << endl;
    return 0;
}
```

程序每次输出的结果是不一样的，下面是运行结果之一：

```
413 286 323 970 86 84 1 173 426 245
48 31 4 21 63 72 58 14 40 98
0.0728172 0.0587176 0.411512 0.544084 0.706046
```

下面的例子实现一个小游戏，即我们小时候经常玩的"石头-剪刀-布"游戏。要求只能从键盘输入 0 或者正整数，而不能输入其他字符。

例 **10-31**．"石头-剪刀-布"游戏。

```
//****************************************************
//例 10-31．"石头-剪刀-布"游戏
//ex10-31.cpp
//****************************************************
#include <iostream>
#include <ctime>                    //产生随机数需要
using namespace std;
//函数定义
void fun(int condition)
{
    switch(condition)
    {
        case 0:
            cout << "石头" << endl; break;
```

```
            case 1:
                cout << "剪刀" << endl; break;
            case 2:
                cout << "布" << endl; break;
        }
    }
    //主函数
    int main()
    {
        unsigned int statistic = 0, person, computer, n, i;
        bool flag = 0;
        srand((unsigned)time(0));
        cout << "哈哈! 欢迎进入石头-剪刀-布游戏! " << endl;
        cout << "注意只能输入数字,不能输入其他字符!" << endl;
        while(!flag)
        {
            cout << "输入您想玩的局数: ";
            cin >> n;
            for(i = 1; i <= n; i++)
            {
                cout << "请出: 石头(0) /剪刀(1) /布(2)? ";
                cin >> person;
                if( person<0 || person>2 )
                {
                    cout << "输入有错误! 这局不算, 请重新输入! " << endl;
                    i = i-1;
                    continue;
                }
                computer = rand() % 3;
                cout << "玩家: ";
                fun(person);
                cout <<"计算机: ";
                fun(computer);
                if(person==computer-1 || person==computer+2)
                {
                    cout << "恭喜!您战胜了计算机!";
                    statistic++;
                }
                else if(person == computer)
                {
                    cout << "哈哈!平局!";
                }
                else
                {
                    cout << "抱歉!计算机战胜了您!";
                }
```

```
                cout << endl;
        } //end for
        cout << n << "局之中您赢了" << statistic << "局!" << endl;
        cout << "还想玩吗？输入 0 表示还想玩，输入 1 表示不想再玩了：";
        cin >> flag;
    } //end while
    return 0;
}
```

下面是一次运行结果：

哈哈！欢迎进入石头-剪刀-布游戏！

注意只能输入数字,不能输入其他字符！

输入您想玩的局数：3↵

请出：石头(0) /剪刀(1) /布(2)？0↵

玩家：石头

计算机：石头

哈哈!平局!

请出：石头(0) /剪刀(1) /布(2)？6↵

输入有错误！这局不算，重新输入！

请出：石头(0) /剪刀(1) /布(2)？2↵

玩家：布

计算机：石头

恭喜!您战胜了计算机!

请出：石头(0) /剪刀(1) /布(2)？1↵

玩家：剪刀

计算机：布

恭喜!您战胜了计算机!

3 局之中您赢了 2 局！

还想玩吗？输入 0 表示还想玩，输入 1 表示不想再玩了：1↵

10.9　小结

C++标准库将原有的带后缀.h 的头文件重新包装，生成了新的不带后缀名的头文件，如<iostream>，并在原来的 C 头文件名前面加上 c，如<cmath>。在这些头文件中定义的类型、函数、对象等都属于 std 名字空间，使用时应在名称前加上"std::"，或者使用 using 声明或 using 指令。原来的头文件虽然还可以使用，但是建议编程时不要将两种头文件混合使用，以免出错。

C++标准库为我们提供了丰富的内容，编程时除应该多使用 C++标准库的组件外，还可以借鉴各种已有的程序库，以提高编程效率。

另外，使用标准库时只需包含相关的头文件，不应在标准头文件中随意添加或减少任何内容。

第11章

用面向对象方法开发学生信息管理系统

内容提要

本章给出综合利用所学知识开发的例程，基于微软公司的 MFC（Microsoft Foundation Classes）类库，开发一个简易的学生信息管理系统，编程环境是 Visual Studio 2019。该系统中既有从 MFC 类库中自动派生出的类型，也有我们自己从 CDialogEx 中派生出的类型，还有我们自己设计的 User 类及派生出的 Teacher 类和 Student 类，程序中也涉及了基于虚函数的动态多态性。

➡ 11.1　MFC 简介

MFC 不仅是个类库，还提供 Windows 图形应用程序的框架及创建应用程序的控件，支持编写 Windows 应用程序。基于 MFC 框架来设计应用程序时，程序员的主要任务是不断从 MFC 类库中派生出自己的类（也可以设计自己的类），重载或添加成员函数，设计代码，并指定这些代码是用来响应哪些消息和命令的，从而在消息和代码间建立联系。

MFC 应用程序框架类型包括单文档、多文档、基于对话框等。文档类型的程序框架通过"文档-视图"结构为应用程序提供一种将数据与视图相分离的存储方式：文档类（Document），一般从 CDocument 类中派生，作用是保存程序的数据；视类（View），一般从 CView 类中派生，作用是显示和编辑数据；主窗口类（Main Frame Window），一般从 CFrameWnd 或 CMDIFrameWnd 类中派生。基于对话框的程序框架相对要简单一些。

每个 MFC 应用程序都要从 CWinApp 类中派生出一个应用类，而且每个 MFC 应用程序都有且只有一个应用类的对象 theApp，它是一个全局变量，最先被创建，用于控制其他对象和整个应用程序的初始化。程序的入口 WinMain()函数被封装在 MFC 中，启动程序时，自动调用 WinMain()函数。

下面我们设计一个基于 MFC 对话框的应用程序，利用 C++面向对象编程技术一步步搭建一个具有图形用户界面的简易学生信息管理系统，该系统具有登录、列表展示已有学生信息，以及新增、修改、删除、保存学生信息等基本功能。

➡ 11.2　学生信息管理系统

不同版本的 Visual Studio 的界面可能稍有不同，但建立新项目的步骤都是一样的。我们以 Visual Studio 2019 为例，介绍基于 MFC 对话框的 Windows 图形用户界面应用程序设计过程。

11.2.1 建立基于对话框的应用程序框架

打开 Visual Studio 2019，单击[创建新项目]按钮，弹出如图 11-1 所示的[创建新项目]对话框，分别在图中所示的下拉菜单和选项中选择[C++][Windows][桌面][MFC 应用]，即选择用 C++语言编写基于 MFC 框架的具有图形用户界面的 Windows 桌面应用程序，然后单击[下一步]按钮，弹出如图 11-2 所示的[配置新项目]对话框。

图 11-1 [创建新项目]对话框

图 11-2 [配置新项目]对话框

输入新项目名称 StudentManage，存于 D 盘下（读者也可以选择存于其他目录下），然后单击[创建]按钮，弹出如图 11-3 所示的[MFC 应用程序]对话框，选择应用程序类型为[基于对话框]，单击[完成]按钮。

图 11-3　[MFC 应用程序]对话框

此时，编译系统为我们创建了一个应用程序框架，在工具条中单击[本地 Windows 调试器]按钮，或者在菜单中选择[调试]-[开始执行（不调试）]选项，就可以运行这个程序，得到如图 11-4 所示的运行结果。当然，这只是一个应用程序框架，更多的功能要求，还需我们自己往里添加相应的代码。

图 11-4　新建的对话框应用程序运行结果

在菜单中选择[视图]-[解决方案资源管理器]和[类视图]选项，见图 11-5，可以看到这个应用程序中包含哪些头文件和.cpp 文件，以及定义了哪些类，这些类都是基于 MFC 类库中的类派生出来的。例如，在本例的 StudentManage 系统中，截至目前生成了CAboutDlg、CStudentManageApp、CStudentManageDlg 三个类及全局对象 theApp，其中CStudentManageApp 类就是我们前面提到的从基类 CWinApp 派生出的应用类。

CStudentManageApp 类是在头文件 StudentManage.h 中声明的，并在 StudentManage.cpp中实现，唯一的 CStudentManageApp 类的对象 theApp，也是在该文件中创建的，这是一个全局对象，程序运行时最先被创建，用于控制其他对象和整个应用程序的初始化。

图 11-5　解决方案资源管理器和类视图

11.2.2　设计登录界面

下面我们设计自己的登录界面。在对话框编辑窗口中，删除图 11-6 中自动生成的对话框中的控件，使之成为空白画布，然后添加我们需要的内容。单击左侧的工具箱，将其中的 Static Text（静态编辑框）、Edit Control（文本编辑框）、Button（按钮）控件用鼠标拖至空白画布中的合适位置，分别用鼠标右键单击各控件，从属性设置中找到 Caption（描述文字）项，修改各个控件的文本显示内容，最终登录界面的效果如图 11-7 所示。

图 11-6　自动生成的对话框中的控件

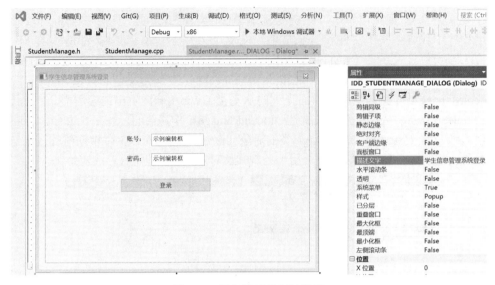

图 12-7　最终登录界面的效果

11.2.3　设计 User 类

下面我们设计 User 类，并把 User 作为基类，派生出 Teacher 类和 Student 类。User 类的数据成员包括用户账户 account 和用户密码 password；派生出的 Teacher 类增加了教师工号 id；派生出的 Student 类增加了学生年龄 age 和学生成绩 grade。为简单起见，我们统一声明它们是 CString 类型。CString 是 MFC 中定义的字符串类，其功能类似于 C++标准库中的 string 类。

选择菜单中的[项目]-[添加新项]选项，在弹出的对话框中选择[C++类]选项，名称填 User，单击[添加]按钮，弹出[添加类]对话框，设置头文件名为 User.h，.cpp 文件名为 User.cpp，单击[确认]按钮。然后开始编辑这两个文件，代码如下：

```
//********************************************************
//User.h
//********************************************************
#pragma once
class User
{
public:
    CString account;        //用户账号
    CString password;       //用户密码
    User();
    virtual ~User();
};
//Teacher 类声明
class Teacher : public User
{
public:
```

```cpp
    CString id;              //教师工号
    Teacher(CString a, CString p, CString i);
    ~Teacher();
};
//Student 类声明
class Student : public User
{
public:
    CString id;              //学生学号
    CString name;            //学生姓名
    CString age;             //学生年龄
    CString grade;           //学生综合成绩
    Student(CString a, CString p, CString i, CString n, CString ag,
            CString g);
    ~Student();
};


//****************************************************
//User.cpp
//****************************************************
#include "pch.h"
#include "User.h"
#include <CString>
//User 类实现
User::User(){ }
User::~User(){ }
//Teacher 类实现
Teacher::Teacher(CString a, CString p, CString i)
{
    account = a;
    password = p;
    id = i;
}
Teacher::~Teacher() { }
//Student 类实现
Student::Student(CString a, CString p, CString i, CString n,
                CString ag, CString g)
{
    account = a;
    password = p;
    id = i;
    name = n;
    age = ag;
    grade = g;
```

面向对象编程技术与方法（C++）

```cpp
}
Student::~Student(){ }
```

11.2.4 实现用户登录功能

返回到对话框编辑窗口，用鼠标右键单击[登录]按钮，然后选择[添加事件处理程序]选项，按照图 11-8 所示的内容选择单击的操作响应，并在 CStudentManageDlg 类中添加响应代码。

图 11-8 为登录按钮添加事件处理程序

首先在响应函数 OnBnClickedButton1()所在的 StudentManageDlg.cpp 中包含 User.h 的头文件，之后在响应函数中添加如下代码：

```cpp
//************************************************
//[登录]按钮单击响应函数
//************************************************
void CStudentManageDlg::OnBnClickedButton1()
{
    // TODO: 在此添加控件通知处理程序代码
    //添加系统教师和学生用户
    Teacher teacher = Teacher(_T("99835"), _T("123456"), _T("20110405"));
    Student student = Student(_T("74147"), _T("123"), _T("20170105"),
                             _T(",张思"), _T("20"), _T("99"));
    //获取账号（IDC_EDIT1）和密码（IDC_EDIT2），编辑控件的文本输入内容
    //ps:可通过鼠标右键单击对应控件属性查看对应的 ID，如账号为 IDC_EDIT1
    CString acc, pwd;
    GetDlgItemText(IDC_EDIT1, acc);
    GetDlgItemText(IDC_EDIT2, pwd);
    //教师登录成功，跳转至管理界面
    if (!acc.CompareNoCase(teacher.account) &&
            !pwd.CompareNoCase (teacher.password))
    {
        MessageBox(teacher.id + _T("教师登录成功! "), _T("登录成功"));
```

```
//MainSys mainSys;
//mainSys.DoModal();
}
//学生登录，提示暂不可使用该管理系统
else    if    (!acc.CompareNoCase(student.account)    &&    !pwd.
CompareNoCase(student.password))
{
MessageBox(_T("抱歉，暂不支持学生使用该系统！"), _T("登录失败"));
}
//登录失败
else { MessageBox(_T("账号或密码错误！"), _T("登录失败")); }
}
```

此时系统中已经包含了一个老师和一个学生的信息，如表 11-1、表 11-2 所示。

表 11-1　一个老师的信息

账号	密码	工号
99835	123456	20110405

表 11-2　一个学生的信息

账号	密码	学号	姓名	年龄	成绩
74147	123	20170105	张思	20	99

可以对现有程序进行运行测试，也就是对单击[登录]按钮时消息产生的响应效果进行测试，分别输入教师和学生的账号、密码，运行结果如图 11-9 所示。

图 11-9　[登录]按钮对应的消息响应结果

11.2.5　设计学生信息管理系统主界面

如图 11-10 所示，在资源视图中，选择 Dialog 文件夹下的第二个选项，右键单击该选项，在下拉菜单中选择[插入 Dialog]选项，于是生成一个新的空白对话框（预留有[确定]和[取消]按钮）。右键单击空白处，选择[添加类]选项，按照图 11-11 所示创建主界面类 MainSys。

图 11-10　创建主界面　　　　　　　图 11-11　从基类 CDialogEx 派生出类 MainSys

首先设计主界面。与前面一样，利用工具箱在空白对话框上添加 Static Text（静态编辑框）、Edit Control（文本编辑框）、Button（按钮）、GroupBox（组合框）等控件，并修改它们的描述文字。随后在工具箱中选择添加新的 List Control（列表管理）控件，将其拖动至对话框左侧，调整其大小并在属性栏中设置其 View 属性值为 Report，初始效果如图 11-12 所示。

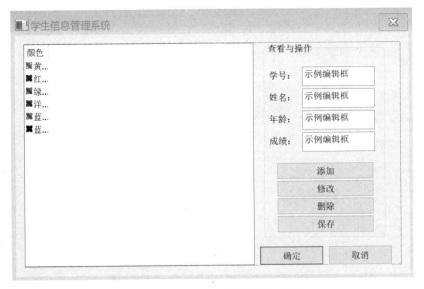

图 11-12　MainSys 主界面类初始效果

接下来为图 11-12 中的 4 个编辑框添加 Value（值）变量，以便通过消息与响应机制显示和修改学生信息。右键单击第一个编辑框，选择[添加变量]选项，将弹出[添加变量]对话框，选择类别为"值"，输入变量名称为 m_id，变量类型为 CString，根据需要添加对应的注释，最后单击[完成]按钮即可，如图 11-13 所示。利用同样方法，为其余三个编辑框添加对应的数值变量，名称分别为 m_name、m_age、m_grade。

图 11-13　为编辑框添加数值变量

　　接下来为图 11-12 中左边的 List Control 控件添加 Control（控制）变量，以便通过消息与响应机制建立表与编辑框及控制按钮之间的信息交互。同样右键单击控件，选择[添加变量]选项，将弹出[添加控制变量]对话框，输入变量名称为 m_list，根据需要添加对应的注释，最后单击[完成]按钮即可，如图 11-14 所示。

图 11-14　为 List Control 控件添加控制变量

　　完成以上操作后，我们打开头文件 MainSys.h 会发现在 MainSys 类的声明中，已经添加了以下 5 个成员变量：

```
CString  m_id;
CString  m_name;
CString  m_age;
CString  m_grade;
CListCtrl  m_list;
```

在 MainSys.cpp 文件中，添加 #include "User.h"语句。在 Visual Studio 2019 的菜单中选择[项目]-[类向导]选项，如图 11-15 所示，选择类名 MainSys 选择[虚函数]选项卡，双击[虚函数]列表框中的 OnInitDialog 选项，单击[确定]按钮。这样为 MainSys 类添加了一个成员函数 OnInitDialog()。

图 11-15　为 MainSys 类添加成员函数 OnInitDialog()

在 MainSys.cpp 文件中的成员函数 OnInitDialog()内添加表格样式，具体代码如下：

```
//***********************************************************
//BOOL MainSys::OnInitDialog()的实现
//***********************************************************
BOOL MainSys::OnInitDialog()
{
    CDialogEx::OnInitDialog();
    //TODO：  在此添加额外的初始化
    //插入表头
// 样式设置为整行选择、网格线
    m_list.SetExtendedStyle(LVS_EX_FULLROWSELECT | LVS_EX_GRIDLINES);
    m_list.InsertColumn(0, _T("学号"), LVCFMT_LEFT, 100); //插入第1列名
    m_list.InsertColumn(1, _T("姓名"), LVCFMT_LEFT, 100); //插入第2列名
    m_list.InsertColumn(2, _T("年龄"), LVCFMT_LEFT, 100); //插入第3列名
    m_list.InsertColumn(3, _T("成绩"), LVCFMT_LEFT, 100); //插入第4列名
    //初始化一个学生的信息并写入表格
    Student stu = Student(_T("74147"), _T("123"), _T("20170105"),
                          _T("张思"), _T("20"), _T("99"));
    m_list.InsertItem(0, (LPCTSTR)stu.id);
    m_list.SetItemText(0, 0, (LPCTSTR)stu.id);
    m_list.SetItemText(0, 1, (LPCTSTR)stu.name);
    m_list.SetItemText(0, 2, (LPCTSTR)stu.age);
    m_list.SetItemText(0, 3, (LPCTSTR)stu.grade);
```

```
        return TRUE;// return TRUE unless you set the focus to a control
    }
```

在主程序 StudentManageDlg.cpp 中添加语句#include "MainSys.h"，并修改 CStudent
ManageDlg 类的成员函数 OnBnClickedButton1()，添加跳转至新设计界面的代码，即：

```
        MainSys mainSys;
        mainSys.DoModal();
```

此时，可以运行程序进行测试，在使用教师账号 99835 和密码 123456 登录后可以成
功跳转至如图 11-16 所示的学生信息管理系统的管理界面，并可以看到列表已经根据我们
的设计进行了初始化，并添加了一个学生的信息。

图 11-16　学生信息管理系统的管理界面

11.2.6　实现学生管理功能

1．为 List Control 控件添加单击响应函数

用鼠标右键单击 List Control 控件的空白处，选择[添加事件处理程序]选项，弹出如
图 11-17 所示的对话框，使用默认选项。

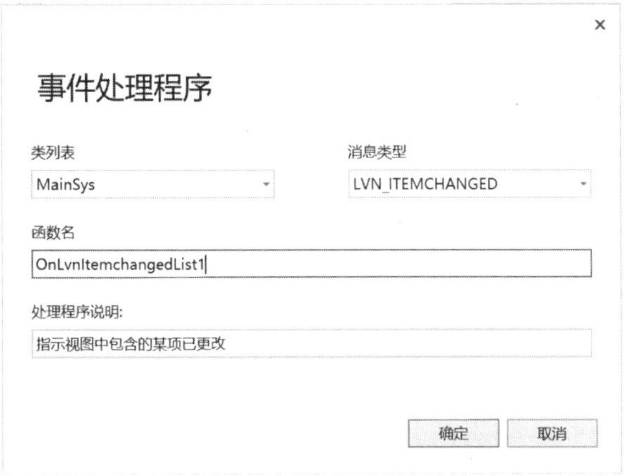

图 11-17　为 List Control 控件添加单击响应函数

MainSys 类中的 List Control 控件的单击响应成员函数 OnLvnItemchangedList1()的代码如下：

```cpp
//********************************************************
// void MainSys::OnLvnItemchangedList1()的实现
//********************************************************
void MainSys::OnLvnItemchangedList1(NMHDR* pNMHDR, LRESULT* pResult)
{
    LPNMLISTVIEW pNMLV = reinterpret_cast<LPNMLISTVIEW>(pNMHDR);
    // TODO: 在此添加控件通知处理程序代码
    DWORD dwPos = GetMessagePos();
    CPoint point(LOWORD(dwPos), HIWORD(dwPos));
    //查看单击位置
    m_list.ScreenToClient(&point);
    LVHITTESTINFO lvinfo;
    lvinfo.pt = point;
    lvinfo.flags = LVHT_ABOVE;
    int nItem = m_list.SubItemHitTest(&lvinfo);
    if (nItem != LB_ERR)
    {
        for (int i = 0; i < m_list.GetItemCount(); i++)
        {
            if (m_list.GetItemState(i, LVIS_SELECTED) == LVIS_SELECTED)
            {
                //获取选中行，将对应值赋给对应编辑框的绑定变量
                m_id = m_list.GetItemText(i, 0);
                m_name = m_list.GetItemText(i, 1);
                m_age = m_list.GetItemText(i, 2);
                m_grade = m_list.GetItemText(i, 3);
                //将变量值更新至编辑框内
                UpdateData(FALSE);
            }
        }
        //单击列表中数据行时，[添加]按钮（IDC_BUTTON1）、学号编辑框不可操作
        //[修改]和[删除]按钮（IDC_BUTTON2、3）可单击
        GetDlgItem(IDC_EDIT1)->EnableWindow(FALSE);
        GetDlgItem(IDC_BUTTON1)->EnableWindow(FALSE);
        GetDlgItem(IDC_BUTTON2)->EnableWindow(TRUE);
        GetDlgItem(IDC_BUTTON3)->EnableWindow(TRUE);
    }
    else
    {
        //单击列表中空白行时，[添加]按钮（IDC_BUTTON1）、学号编辑框可操作
```

```
        //[修改]和[删除]按钮（IDC_BUTTON2、3）不可单击
        GetDlgItem(IDC_EDIT1)->EnableWindow(TRUE);
        GetDlgItem(IDC_BUTTON1)->EnableWindow(TRUE);
        GetDlgItem(IDC_BUTTON2)->EnableWindow(FALSE);
        GetDlgItem(IDC_BUTTON3)->EnableWindow(FALSE);
        //清空对应编辑框
        m_id = "";
        m_name = "";
        m_age = "";
        m_grade = "";
        UpdateData(FALSE);
    }
    *pResult = 0;
}
```

再次运行程序，单击列表中的数据行时，右侧的学号、姓名等编辑框会自动填充对应数据以方便用户观察和执行修改等操作，同时将学号编辑框、[添加]按钮禁用，防止用户进行不合法的操作；当单击空白行时，则会自动清除学号等编辑框中的内容，同时将[修改]和[删除]按钮设为禁用状态，将[添加]按钮恢复正常的待单击状态，如图 11-18 所示。

图 11-18　列表控件的单击响应效果

1）为[添加]按钮添加单击响应函数

右键单击[添加]按钮，同样选择[添加事件处理程序]选项，选择 MainSys 类，响应函数为 OnBnClickedButton1()，如图 11-19 所示。

在函数 OnBnClickedButton1()内添加如下代码：

```
//*****************************************************
//[添加]按钮单击响应函数
//*****************************************************
void MainSys::OnBnClickedButton1()
{
    //TODO：在此添加控件通知处理程序代码
    //读取控件值到变量
```

图 11-19　为[添加]按钮添加单击响应函数

```cpp
UpdateData(TRUE);
//添加前异常检查
CString old_id;
int i = 0;
int nCount = m_list.GetItemCount();
while (i < nCount)
{
    old_id = m_list.GetItemText(i, 0);
    if (old_id == m_id)
    {
        MessageBox(_T("学号重复！"));
        return;
    }
    i++;
}
if (m_name.IsEmpty())
{
    MessageBox(_T("姓名不能为空!"));
    return;
}
if (m_age.IsEmpty())
{
    MessageBox(_T("年龄不能为空!"));
    return;
}
if (m_grade.IsEmpty())
{
    MessageBox(_T("成绩不能为空!"));
    return;
```

```
        }
        //列表新增行
        m_list.InsertItem(0, m_id);
        m_list.SetItemText(0, 1, m_name);
        m_list.SetItemText(0, 2, m_age);
        m_list.SetItemText(0, 3, m_grade);
        //清空编辑框内容
        m_id = "";
        m_name = "";
        m_age = "";
        m_grade = "";
        UpdateData(FALSE);
    }
```

运行程序，对新添加的代码进行测试。如图 11-20 所示，手动输入一个学生的信息，如学号 20170155、姓名李华、年龄 22、成绩 98，之后单击[添加]按钮，程序会自动检查学号是否重复、学生信息是否完整等，确认无误后会添加至左侧的学生信息列表中。

图 11-20 单击[添加]按钮前后的效果

2）为[修改]、[删除]按钮添加单击响应函数

按同样的方法，为[修改]和[删除]按钮添加单击响应函数，同样选择 MainSys 类，两个响应函数分别为 OnBnClickedButton2()和 OnBnClickedButton3()，为这两个成员函数添加如下代码：

```
//********************************************
//[修改]按钮单击响应函数
//********************************************
void MainSys::OnBnClickedButton2()
{
    // TODO: 在此添加控件通知处理程序代码
    int  nItem = m_list.GetSelectionMark();   //获取选中行
    UpdateData(TRUE); //读取控件值到变量
    //修改前异常检查
    GetDlgItem(IDC_EDIT1)->EnableWindow(FALSE);
```

```
        if (m_name.IsEmpty())
        {
            MessageBox(_T("姓名不能为空!"));
            return;
        }
        if (m_age.IsEmpty())
        {
            MessageBox(_T("年龄不能为空!"));
            return;
        }
        if (m_grade.IsEmpty())
        {
            MessageBox(_T("成绩不能为空!"));
            return;
        }
        //在列表修改行的上一行新增修改后标准行
        m_list.InsertItem(nItem, m_id);
        m_list.SetItemText(nItem, 1, m_name);
        m_list.SetItemText(nItem, 2, m_age);
        m_list.SetItemText(nItem, 3, m_grade);
        //删除原行
        m_list.DeleteItem(nItem + 1);
        //编辑框内容置空
        m_id = "";
        m_name = "";
        m_age = "";
        m_grade = "";
        UpdateData(FALSE);
    }


//****************************************************
//[删除]按钮单击响应函数
//****************************************************
void MainSys::OnBnClickedButton3()
{
    // TODO:
    //获取选中行，删除
    int nItem = m_list.GetSelectionMark();
    m_list.DeleteItem(nItem);
    //编辑框内容置空
    m_id = "";
    m_name = "";
    m_age = "";
    m_grade = "";
    UpdateData(FALSE);
}
```

　　再次运行程序，对新添加的代码进行测试。如图 11-21 所示，单击需要修改的学生所在行，在信息自动填充至右侧编辑框后，修改其成绩为 88，单击[修改]按钮，左侧列表中的信息即会同步修改。删除操作的执行步骤基本相似，只需选中对应行，之后单击[删除]按钮即可删除，在此不再演示。

图 11-21　修改学生成绩前后的效果

3）为[保存]按钮添加单击响应函数

最后为[保存]按钮按照同样的方法添加单击响应函数，同样选择 MainSys 类，对应的响应函数为 OnBnClickedButton4()，为这个成员函数添加如下代码：

```
//**********************************************************
//[保存]按钮单击响应函数
//**********************************************************
void MainSys::OnBnClickedButton4()
{
    //TODO: 在此添加控件通知处理程序代码
    //文件存储位置选择对话框
    CFileDialog fDlg(FALSE,".txt","学生信息",OFN_OVERWRITEPROMPT,
                    "文本文档(*.txt)|*.txt|数据(*.dat)|*.dat|",NULL);
    //确认存储位置后进行写入
    if (fDlg.DoModal() == IDOK) {
        CString sPath = fDlg.GetPathName();
        CStdioFile file(sPath,CFile::modeWrite|CFile::modeCreate);
        CString content = "学号#姓名#年龄#成绩\n";
        int i = 0;
        int nCount = m_list.GetItemCount();
        while (i < nCount)
        {
            content += m_list.GetItemText(i, 0)+"#";
            content += m_list.GetItemText(i, 1)+"#";
            content += m_list.GetItemText(i, 2)+"#";
            content += m_list.GetItemText(i, 3)+"\n";
            i++;
        }
        file.WriteString(content);
        file.Close();
```

```
                MessageBox(_T("文件保存成功！"),_T("保存成功"));
        }
}
```

如图 11-22 所示，在界面中单击[保存]按钮后会弹出[另存为]对话框，选择存储位置和文件名后单击[保存]按钮，便可以用记事本打开看到所保存的学生记录。

图 11-22　[保存]按钮单击响应效果

至此，一个简易的具有登录、添加、修改、删除、保存功能的学生信息管理系统就完成了。

11.3　小结

在这个面向对象例程中，除创建基于对话框应用程序时自动从 MFC 类库派生出的三个类：CAboutDlg、CStudentManageApp 和 CStudentManageDlg 外，我们自己又从 CDialogEx 类中派生出 MainSys 类，而且设计了 User 类，并从 User 类中又派生出了 Teacher 类和 Student 类，程序中也涉及了基于虚函数的动态多态性。通过这个例程，我们学到了如何使用除 C++标准库之外的其他类库。学生信息管理系统中的类视图如图 11-23 所示。

图 11-23　学生信息管理系统中的类视图

ASCII 码表

代码	字符	名称	代码	字符	名称	代码	字符	名称	代码	字符	名称
000	NUL	无效	032		空格	064	@		096	`	
001	SOH	标题始	033	!		065	A		097	a	
002	STX	正文始	034	"	双引号	066	B		098	b	
003	ETX	正文尾	035	#		067	C		099	c	
004	EOT	传递止	036	$		068	D		100	d	
005	ENQ	查询	037	%		069	E		101	e	
006	ACK	信号确认	038	&		070	F		102	f	
007	BEL	响铃	039	'	单引号	071	G		103	g	
008	BS	退格	040	(		072	H		104	h	
009	HT	水平制表	041	)		073	I		105	i	
010	LF	换行	042	*		074	J		106	j	
011	VT	垂直制表	043	+		075	K		107	k	
012	FF	换页	044	,		076	L		108	l	
013	CR	回车	045	-		077	M		109	m	
014	SO	移出	046	.		078	N		110	n	
015	SI	移入	047	/		079	O		111	o	
016	DLE	换码	048	0		080	P		112	p	
017	DC1	设备控制	049	1		081	Q		113	q	
018	DC2	设备控制	050	2		082	R		114	r	
019	DC3	设备控制	051	3		083	S		115	s	
020	DC4	设备停机	052	4		084	T		116	t	
021	NAK	信息否认	053	5		085	U		117	u	
022	SYN	同步	054	6		086	V		118	v	
023	ETB	块传送止	055	7		087	W		119	w	
024	CAN	作废	056	8		088	X		120	x	
025	EM	纸用完	057	9		089	Y		121	y	
026	SUB	置换	058	:		090	Z		122	z	
027	ESC	换码	059	;		091	[		123	{	
028	FS	文件分离	060	<		092	\		124	|	
029	GS	分组	061	=		093	]		125	}	
030	RS	记录分离	062	>		094	^		126	~	
031	US	元素分离	063	?		095	_		127	del	删除

参 考 文 献

[1] Bruce Eckel，Thinking in C++（英文影印版）[M]. 北京：机械工业出版社，2002.

[2] 赵清杰. C++程序设计[M]. 北京：清华大学出版社，2008.

[3] 郑莉. C++语言程序设计案例教程[M]. 北京：清华大学出版社，2005.

[4] 刘振安. 面向对象程序设计（C++版）[M]. 北京：机械工业出版社，2006.

[5] 陈文宇. 面向对象技术与工具[M]. 北京：电子工业出版社，2012.

[6] 马石安，魏文平. 面向对象程序设计教程[M]. 北京：清华大学出版社，2018.